太湖东苕溪流域农药面源污染控制与消减技术

单正军　卜元卿　等　著

科学出版社

北京

内 容 简 介

　　本书以太湖东苕溪流域为研究区域，以农药为研究对象，建立了环境样品农药多残留分析技术，摸清了东苕溪流域地表水中的农药污染状况，揭示了农药不同时期浓度变化规律及其对东苕溪河流水质与水生态效应的影响，建立了水稻种植农药使用面源污染控制和消减集成技术，并在东苕溪流域水稻种植区进行工程示范和技术推广。

　　本书阐述了流域农药面源污染分析、污染消减、风险控制和农药减量增效技术的应用，具有较强的学术性和良好的实用性，适合水污染防治的相关研究人员与环境保护管理相关人员作为参考。

图书在版编目（CIP）数据

太湖东苕溪流域农药面源污染控制与消减技术 / 单正军等著. —北京：科学出版社，2018.11

　ISBN 978-7-03-059523-2

　Ⅰ. ①太… Ⅱ. ①单… Ⅲ. ①太湖－流域－湖泊污染－农药污染－面源污染－污染防治－研究 Ⅳ. ①X524 ②X592

中国版本图书馆 CIP 数据核字（2018）第 259061 号

责任编辑：王腾飞 / 责任校对：彭珍珍
责任印制：师艳茹 / 封面设计：许 瑞

科 学 出 版 社 出版
北京东黄城根北街 16 号
邮政编码：100717
http://www.sciencep.com

天津文林印务有限公司印刷
科学出版社发行 各地新华书店经销
*
2019 年 6 月第 一 版 开本：720×1000 1/16
2019 年 6 月第一次印刷 印张：9 1/4
字数：190 000
定价：89.00 元
（如有印装质量问题，我社负责调换）

《太湖东苕溪流域农药面源污染控制与消减技术》
编写组

主 编

　　单正军　生态环境部南京环境科学研究所

　　卜元卿　生态环境部南京环境科学研究所

编 者

　　孔德洋　生态环境部南京环境科学研究所

　　焦少俊　生态环境部南京环境科学研究所

　　宋宁慧　生态环境部南京环境科学研究所

　　吴文铸　生态环境部南京环境科学研究所

　　周军英　生态环境部南京环境科学研究所

　　程　燕　生态环境部南京环境科学研究所

　　韩志华　生态环境部南京环境科学研究所

　　谭丽超　生态环境部南京环境科学研究所

前　　言

太湖是我国五大淡水湖之一,面积达 2 338 km²,总蓄水量 47.6 亿 m³,是太湖水系中重要饮用水水源地。东苕溪是太湖的主要入湖河流,干流长 157.4 km,其中在杭州市境内 96 km,兼具渔业、灌溉、航运和旅游等多种功能,同时也是流域内居民饮用水的主要来源。东苕溪流域以农业产业为主,水稻是当地种植业的主要品种,浙江湖州市、杭州市的余杭区和临安区常年水稻种植面积超过 190 万亩。稻田农药使用具有用量大、易径流的特点,是农药面源污染的重要来源。由于对化肥、农药过量施用导致的生态环境危害认识不足,2006 年,苕溪流域单位面积农药施用量达到 53.52 kg/hm²,是浙江省平均水平的 1.4 倍以上。由于该地区地表水已发现的有机农药污染,不能被常规饮用水处理工艺有效去除,因此,苕溪作为饮用水水源时可能会对当地居民的健康产生风险。

为保护东苕溪水质安全,遏制太湖水质恶化,保障流域生态环境和居民健康,环境保护部南京环境研究所在 2017 年启动“太湖东苕溪流域农药面源污染控制与消减技术”研究。以农药为研究对象,通过统计资料调研和实地调查,摸清东苕溪流域地表水中的农药污染状况,揭示农药不同时期浓度变化规律及其对东苕溪流域水质与水生态效应的影响,建立水稻种植区农药使用面源污染控制和消减集成技术,在东苕溪流域示范和推广农药减量控害增效技术,对提高东苕溪流域饮用水安全保障能力具有重要意义,同时对解决太湖流域乃至南方地区农药面源污染问题具有示范和借鉴作用。

全书共 8 章,第 1 章建立不同介质中多种农药残留量测定的方法;第 2 章总结东苕溪流域农药使用状况;第 3 章阐明了东苕溪流域农药面源污染来源及污染时空特征;第 4 章详细比较了东苕溪流域与美国农药地表水污染的异同;第 5 章探索了 4 类典型农药对水生生物毒性和水生生态效应的影响;第 6 章示范了水稻种植农药面源污染控制与消减集成技术;第 7 章提出了农业面源污染农药生态风险管理技术;第 8 章是对全书的总结。

本书相关研究的开展和本书的编著过程中,得到生态环境部等相关部门的大力支持。在此致以衷心的感谢!

由于编者水平有限,本书难免存在不足之处,敬请读者批评指正!

作　者

目　　录

前言
第1章　环境样品农药多残留检测技术 ··· 1
  1.1　材料与方法 ··· 1
    1.1.1　仪器与试剂 ·· 1
    1.1.2　试验方法 ·· 2
  1.2　结果与讨论 ··· 4
    1.2.1　检测范围及检测限 ··· 4
    1.2.2　样品的提取和净化 ··· 6
  1.3　本章小结 ·· 14
  本章主要参考文献 ·· 15
第2章　东苕溪流域农药使用状况调查 ·· 16
  2.1　调查方法 ·· 16
  2.2　结果与分析 ·· 17
    2.2.1　主要农作物病虫草害发生情况 ··· 17
    2.2.2　东苕溪流域农药使用情况 ··· 17
  2.3　本章小结 ·· 26
  本章主要参考文献 ·· 26
第3章　东苕溪流域农药面源污染特征 ·· 27
  3.1　样品采集及分析方法 ··· 27
    3.1.1　调查区域基本情况 ··· 27
    3.1.2　采样区域与时间 ··· 28
    3.1.3　样品采集与保存 ··· 28
    3.1.4　样品分析与质量控制 ·· 29
  3.2　东苕溪流域农药面源污染特征及溯源分析 ·· 29
    3.2.1　东苕溪流域地表水农药残留特征 ··· 29
    3.2.2　东苕溪流域底泥农药残留特征 ··· 31
    3.2.3　东苕溪流域农药残留时空分布特征 ·· 35
    3.2.4　东苕溪流域农药溯源分析 ··· 39
    3.2.5　东苕溪流域主要农药品种污染特征 ·· 43
    3.2.6　东苕溪地表水农药污染风险评价 ··· 47
  3.3　本章小结 ·· 49
  本章主要参考文献 ·· 50

第 4 章　东苕溪流域农药面源污染状况对比分析 ································· 51

  4.1　美国农药对地表水污染状况 ······································· 51

    4.1.1　美国农药的使用量及主要品种 ····························· 51

    4.1.2　地表水中农药的残留情况及分布特征 ······················· 52

  4.2　东苕溪流域农药污染状况分析与评价 ······························ 58

    4.2.1　东苕溪地表水农药残留状况分析 ··························· 58

    4.2.2　农药残留美国水质标准评价结果 ··························· 59

    4.2.3　农药残留我国水质标准评价结果 ··························· 60

  4.3　本章小结 ··· 60

  本章主要参考文献 ·· 61

第 5 章　典型农药对水生生物毒性及水生生态效应的影响 ············· 62

  5.1　有机氯农药对水生生物毒性的影响 ································ 62

    5.1.1　材料与方法 ··· 62

    5.1.2　结果与讨论 ··· 65

    5.1.3　小结 ··· 68

  5.2　有机磷农药对水生生态系统的影响 ································ 68

    5.2.1　材料与方法 ··· 68

    5.2.2　结果与讨论 ··· 70

    5.2.3　小结 ··· 71

  5.3　菊酯类农药使用对水环境生态系统的影响 ·························· 72

    5.3.1　材料与方法 ··· 72

    5.3.2　结果与讨论 ··· 75

    5.3.3　小结 ··· 82

  5.4　生物农药对水生生态系统的影响 ·································· 83

    5.4.1　材料与方法 ··· 83

    5.4.2　结果与讨论 ··· 85

    5.4.3　结论 ··· 89

  5.5　本章小结 ··· 90

  本章主要参考文献 ·· 91

第 6 章　水稻种植农药面源污染控制与消减技术及示范 ··············· 92

  6.1　水稻种植农药控源消减技术集成 ·································· 92

    6.1.1　水稻种植农药替代使用技术 ······························· 92

    6.1.2　水稻种植农药实时精准使用技术 ··························· 95

    6.1.3　农药污染末端控制技术体系 ······························· 96

  6.2　水稻种植农药污染控制与消减技术示范 ···························· 99

    6.2.1　示范区概况与示范技术优化集成思路 ······················· 99

    6.2.2　水稻种植农药实时精准用药技术示范 ······················ 101

6.2.3　水稻种植农药使用替代消减技术示范 ·········· 105

6.2.4　农田排水中农药生态拦截技术示范 ·········· 108

6.2.5　农田排水农药生态处理技术示范 ·········· 110

6.2.6　水稻种植农药使用统防统治管理技术示范 ·········· 112

6.3　水稻种植农药污染控制与消减技术推广 ·········· 115

6.3.1　技术体系示范的农药减排效果 ·········· 115

6.3.2　技术推广应用效果 ·········· 116

6.4　本章小结 ·········· 117

本章主要参考文献 ·········· 117

第7章　农业面源污染农药生态风险管理技术 ·········· 119

7.1　农药风险评价技术建立 ·········· 119

7.1.1　农药生态风险评价技术 ·········· 119

7.1.2　农药健康风险评价技术 ·········· 124

7.2　本章小结 ·········· 133

本章主要参考文献 ·········· 133

第8章　总结 ·········· 135

第1章　环境样品农药多残留检测技术

化学农药是保障我国粮食生产的重要农业物资。由于农药的使用，我国每年平均挽回农作物损失为：粮食 2 500 万 t、棉花 40 万 t、蔬菜 800 万 t、果品 330 万 t，总值超过 300 亿元。然而，农药也是一把双刃剑，它在保障人类获得丰厚农产品的同时，也给环境和生态带来了严重的污染与危害。环境中农药普遍存在，相关研究显示我国诸多水体，甚至饮用水中也有有机氯农药残留，北京市主要自来水厂的进出水中有机氯农药定量调查结果显示六六六（HCHs）、滴滴涕（DDTs）、硫丹、七氯等 19 种有机氯农药及其异构体的总浓度为 1.8～12.7 ng/L，进水中平均浓度为 4.61 ng/L，出水中平均浓度为 3.46 ng/L。饮用水源水中残留农药可通过食物链途径进入人体，蓄积后可能对人类健康产生危害。农药环境暴露水平测试分析是识别污染风险、采取污染控制措施的关键步骤，但是当前对于环境中微量农药多残留的检测分析技术方面，仍然存在着准确性不高和灵敏度差的问题。本章建立了环境样品中农药多残留检测分析技术，为太湖地区东苕溪流域农药面源污染控制与消减工作提供科学依据和技术支撑。

固相萃取法（solid-phase extraction，SPE）是一种具有溶剂用量少、处理时间、净化效果好、回收率高等优点，对水中大多数化合物均有理想提取效果的方法。加速溶剂萃取法（accelerated solvent extraction，ASE）也是一种高效的自动化萃取方法，该方法用于提取固体或半固体样品中农药的残留，提取效果好且溶剂消耗少，已被美国环保局收录为处理固体样品的标准方法之一，并已应用于土壤、食品等样品中残留物的提取。本研究采用固相萃取法和加速溶剂萃取法综合研究了不同介质中多种微量农药残留的同时检测的方法。本书水样采用 Oasis^R HLB 和 Envi-18 小柱萃取，沉积物样采用加速溶剂萃取，气相色谱和液相色谱检测不同介质中多种农药的微量残留，方法准确度、精密度均能满足对环境中农药残留分析的要求。

1.1　材料与方法

1.1.1　仪器与试剂

本书采用的主要仪器设备见表 1-1。

表 1-1　主要仪器和设备

仪器名称 Name	型号 Model	生产商 Produce
气相色谱仪/PFPD 检测器	CP-3800	美国 Varian 公司
气相色谱仪/μ-EC 检测器	6890N	美国 Agilent 公司
液相色谱仪/PDA 检测器	2695/2996	美国 Waters 公司
液相色谱-质谱联用仪	QUATTRO MICRO	美国 Waters 公司
加速溶剂萃取仪	ASE-300	美国 Dionex 公司

标准品 1 组：α-六六六（α-HCH）、β-六六六（β-HCH）、γ-六六六（γ-HCH）、δ-六六六（δ-HCH）、2, 4-滴滴涕（2, 4-DDT）、4, 4-滴滴涕（4, 4-DDT）、4, 4-滴滴滴（4, 4-DDD）、4, 4-DDE、六氯苯（hexachlorobenzene）、七氯（heptachlor）、环氧七氯（heptachlor epoxide）、α-硫丹（α-endosulfan）、β-硫丹（β-endosulfan）、三氟氯氰菊酯（cyhalothrin）、氯氰菊酯（cypermethrin）、溴氰菊酯（deltamethrin）、毒死蜱（chlorpyrifos）、苯醚甲环唑（difenoconazole）、乙草胺（acetochlor），购自德国 Dr. Ehrenstorfer 实验室；氟虫腈（fipronil）、氟虫腈砜（sulfone，MB46136）、氟甲腈（fipronil-desulfinyl，MB46513）、氟虫腈硫醚（sulfide，MB45950）。

标准品 2 组：敌敌畏（dichlorvos）、乐果（dimethoate）、马拉硫磷（malathion）、对硫磷（parathion）、丙溴磷（profenofos）、三唑磷（triazophos）。

标准品 3 组：氟乐灵（trifluralin）、氟铃脲（hexaflumuron）、百菌清（chlorothalonil）、甲萘威（carbaryl）、吡蚜酮（pymetrizine）、吡虫啉（imidacloprid）、二嗪农（diazinon）。

正己烷、甲醇等为色谱纯，丙酮为分析纯。

1.1.2 试验方法

1.1.2.1 标准溶液的配制

标准品 1 组的各标准品用正己烷配成浓度为 200 mg/L 的储备液；标准品 2 组的各标准品用丙酮配成浓度为 1 000 mg/L 的储备液；标准品 3 组的各标准品用乙腈配成浓度为 1 000 mg/L 的储备液；于 4℃下储存，保存期为 1 年。然后再根据试验要求，用对应的有机溶剂稀释成适当浓度的混合标准溶液。

1.1.2.2 样品的前处理

依据农药性质的不同，将 36 种农药在不同介质中的处理分别采用两种模式进行，对氟乐灵、氟铃脲、百菌清、甲萘威、吡蚜酮、吡虫啉、二嗪农 7 种农药测定采用 a 模式，其余 29 种农药采用 b 模式，具体处理方法如下：

1）水样处理

（1）上样前依次用 5 mL 乙腈和 5 mL 水预活化固相萃取小柱，取 200 mL 水样以 2 mL/min 的流速通过经活化的小柱，弃流出液，最后以 5 mL 甲醇洗脱目标物，氮气吹干，以甲醇定容，待高效液相色谱分析法（HPLC）分析。

（2）上样前依次用 5 mL 丙酮-正己烷（体积比 1∶1）和 5 mL 水预活化固相萃取小柱，取 200 mL 水样以 2 mL/min 的流速通过经活化的小柱，弃流出液，最后以 5 mL 丙酮-正己烷（体积比 1∶1）洗脱液洗脱目标物，氮气吹干，以正己烷定容，待气相色谱分析法（GC）分析。

2）沉积物样品处理

沉积物样品置于–40℃的冻干机中 48 h，去除水分。称取经活化处理的硅藻土 5 g 于

34 mL 的 ASE 萃取池中，再准确称取（20±0.05）g 沉积物样品和 5 g 无水硫酸钠、0.2 g 活性炭混合均匀，置于萃取池中的硅土上层。

（1）用乙腈溶剂，于温度 100℃、压强 1 500Pa 条件下，预热 1 min，加热 5 min，然后静态提取 10 min，50%溶剂快速冲洗样品，氮气吹扫萃取池 60 s，循环 2 次。收集全部溶剂，用旋转蒸发仪浓缩至近干，氮气吹干，乙腈定容，待 HPLC 分析。

（2）用丙酮-正己烷（体积比 1:1）混合溶剂，于温度 80℃、压强 1 500Pa 条件下，预热 1 min，加热 5 min，然后静态提取 5 min，50%溶剂快速冲洗样品，氮气吹扫萃取池 60 s，循环 2 次。收集全部溶剂，用旋转蒸发仪浓缩至近干，氮气吹干，乙酸乙酯定容，待 GC 分析。

1.1.2.3　仪器测定条件

按照农药性质的不同，将 36 种农药分不同仪器分别进行测定。难挥发和热不稳定性农药用液相色谱测定，挥发性农药用气相色谱测定。根据农药所含的不同特征官能团选择不同的检测器检测。

1）液相色谱检测条件

（1）高效液相色谱-紫外检测测定条件（HPLC-UV）。色谱柱 XTerra® RP 18（5μm），4.6 mm×250 mm；进样量 10μL；波长 230 nm；柱温 30℃；流动相梯度洗脱 0~3 min，乙腈/水 = 40/60；3~6 min，乙腈/水 = 50/50；6~8 min，乙腈/水 = 60/40；8~9 min，乙腈/水 = 55/45；9~15 min，乙腈/水 = 50/50；流速 1.00 mL/min。用于氟乐灵、氟铃脲、百菌清、甲萘威 4 种农药的测定，该 4 种农药上述色谱条件下，特征吸收波长为 274 nm，254 nm，232 nm，221 nm。

（2）高效液相色谱-质谱检测测定条件（HPLC-MS）。色谱柱 Waters BEH C_{18} 色谱柱，1.7μm×2.1μm×50 mm；柱温：30℃；流动相为乙腈/水 = 55/45；流速 0.3 mL/min；监测的母、子离子峰分别为吡虫啉（255>209），吡蚜酮（217>104），二嗪农（304>168）。用于吡蚜酮、吡虫啉、二嗪农 3 种农药的测定。

2）气相色谱检测条件

（1）气相色谱分析法-脉冲火焰光度检测器检测条件（GC-PFPD）。进样口温度 250℃；检测器温度 280℃；VF-1 ms 色谱柱，15 m×0.25 mm×0.25μm；柱温 60℃，保持 2 min，以 20℃/min 上升至 250℃，保持 2 min；载气为氮气，流速 2 mL/min；不分流进样，进样量 1μL。用于敌敌畏、乐果、马拉硫磷、对硫磷、丙溴磷、三唑磷 6 种农药的测定。

（2）气相色谱分析法-电子捕获检测器检测条件（GC-ECD）。进样口温度 220℃；检测器温度 310℃；HP-5 色谱柱，30 m×0.32 mm×0.25μm；程序升温，其中柱温 100℃，保持 2 min，以 20℃/min 升至 150℃，保持 2 min，以 10℃/min 升至 280℃，保持 10 min，升至 300℃，保持 0.5 min；载气为氮气，流速 2 mL/min；不分流进样，进样量 1μL。用于对 α-六六六、β-六六六、γ-六六六、δ-六六六、2,4-滴滴涕、4,4-滴滴涕、4,4-滴滴滴、4,4-DDE、六氯苯、七氯、环氧七氯、α-硫丹、β-硫丹、三氟氯氰菊酯、氯氰菊酯、溴氰菊酯、毒死蜱、氟甲腈、苯醚甲环唑、乙草胺、氟虫腈、氟虫腈砜（MB46136）、氟虫腈硫醚（MB45950）23 种农药的测定。

1.2 结果与讨论

1.2.1 检测范围及检测限

将标准样品的储备液分别稀释成相应质量浓度的标准溶液，按色谱操作条件进行测定。以标准样品的质量浓度为横坐标，相应的峰面积为纵坐标，得标准曲线及相关系数如表 1-2 所示。结果表明 36 种农药在相应的浓度范围内线性良好，相关系数 r 为 0.998 9～0.999 9。以信噪比（S/N）大于 3 时所检测出的农药量为仪器检出限，其范围为 0.001～50 ng/L，能够满足农药残留检测的要求。

表 1-2 供试农药线性范围及检测限

农药名称	线性范围/(mg/L)	线性方程	相关系数	仪器检出限/(ng/L)
α-六六六	0.01～1.0	$y = 9\,026x - 117.21$	0.999 8	5.0
β-六六六	0.01～1.0	$y = 3\,615.9x - 33.174$	0.999 9	10
γ-六六六	0.01～1.0	$y = 8\,229.4x - 49.885$	0.999 7	5.0
δ-六六六	0.01～1.0	$y = 8\,236.5x - 62.571$	0.999 7	5.0
六氯苯	0.01～1.0	$y = 7\,279.2x + 43.058$	0.999 9	4.0
乙草胺	0.01～1.0	$y = 860.75x + 11.484$	0.999 4	50
七氯	0.01～1.0	$y = 6\,147.5x + 45.623$	0.999 8	5.0
毒死蜱	0.01～1.0	$y = 2\,079.8x + 40.922$	0.999 4	10
环氧七氯	0.01～1.0	$y = 6\,083.4x + 15.663$	0.999 9	5.0
氟甲腈	0.01～1.0	$y = 3\,766.2x + 40.602$	0.999 9	10
氟虫腈硫醚	0.01～1.0	$y = 8\,944.6x + 40.75$	0.999 9	3.0
氟虫腈砜	0.01～1.0	$y = 5\,029.3x - 9.422\,8$	0.999 9	10
氟虫腈	0.01～1.0	$y = 4\,277.1x + 5.173\,6$	0.999 9	10
α-硫丹	0.01～1.0	$y = 3\,476.3x + 16.405$	0.999 9	10
β-硫丹	0.01～1.0	$y = 2\,998.4x + 18.035$	0.999 9	10
4, 4-DDE	0.01～1.0	$y = 8\,147.7x - 16.251$	0.999 8	5.0
4, 4-滴滴滴	0.01～1.0	$y = 3\,023.9x + 12.949$	0.999 9	10
2, 4-滴滴涕	0.01～1.0	$y = 2\,655.5x + 37.1$	0.999 9	16
4, 4-滴滴涕	0.01～1.0	$y = 4\,996x + 24.115$	0.999 8	10
三氟氯氰菊酯	0.01～1.0	$y = 3\,641.1x + 12.37$	0.999 7	10
氯氰菊酯	0.01～1.0	$y = 4\,180.2x + 48.862$	0.999 3	10
溴氰菊酯	0.01～1.0	$y = 3\,278.2x + 8.328\,6$	0.999 5	16
苯醚甲环唑	0.01～1.0	$y = 1\,145.1x + 5.337\,6$	0.999 5	50
敌敌畏	0.5～10.0	$y = 68.008x - 18.63$	0.999 8	15

续表

农药名称	线性范围/(mg/L)	线性方程	相关系数	仪器检出限/(ng/L)
乐果	0.5～10.0	$y = 77.42x + 4.667\,6$	0.999 6	13
马拉硫磷	0.5～10.0	$y = 73.548x - 21.608$	0.999 9	14
对硫磷	0.5～10.0	$y = 72.967x - 18.977$	0.999 6	14
丙溴磷	0.5～10.0	$y = 58.766x - 16.803$	0.999 7	18
三唑磷	0.5～10.0	$y = 51.823x - 2.344\,4$	0.999 9	20
氟乐灵	0.1～5.0	$y = 38\,009x - 1\,872.2$	0.999 9	6.25
氟铃脲	0.1～5.0	$y = 97\,811x - 6\,359.5$	0.999 8	2.0
百菌清	0.1～2.0	$y = 331\,159x - 9\,869.3$	0.999 4	0.5
甲萘威	0.1～2.0	$y = 552\,009x - 10\,992$	0.999 1	0.75
吡蚜酮	0.1～2.0	$y = 8\,000\,000x - 64\,670$	0.999 2	0.2
吡虫啉	0.1～2.0	$y = 475\,699x - 9\,784.8$	0.998 9	1.75
二嗪农	0.1～2.0	$y = 10\,000\,000x - 240\,510$	0.999 1	0.1

图 1-1～图 1-4 为 36 种农药标样的色谱图，由图可知 36 种农药在不同仪器所选择的检测条件下峰型均良好并无干扰，适合定性和定量。

GC-PFPD 测定的样品色谱图见图 1-1。

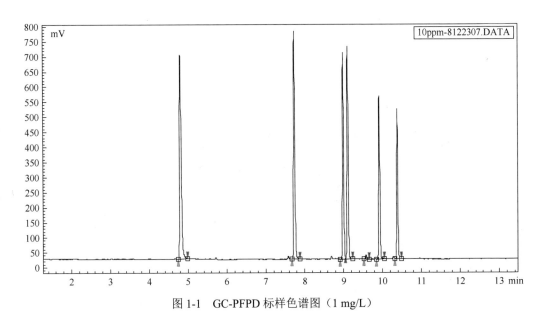

图 1-1　GC-PFPD 标样色谱图（1 mg/L）

样品的出峰时间分别为：敌敌畏，4.83 min；乐果，7.73 min；马拉硫磷，8.99 min；对硫磷，9.11 min；丙溴磷，9.92 min；三唑磷，10.39 min

GC-ECD 测定的样品色谱图见图 1-2。

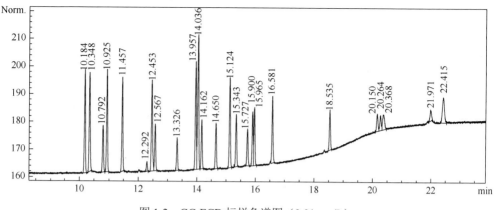

图 1-2　GC-ECD 标样色谱图（0.01 mg/L）

样品的出峰时间分别为：α-六六六，10.184 min；六氯苯，10.348 min；β-六六六，10.792 min；γ-六六六，10.925 min；δ-六六六，11.457 min；乙草胺，12.292 min；七氯，12.453 min；氟甲腈，12.567 min；毒死蜱，13.326 min；环氧七氯，13.957 min；氟虫腈硫醚，14.036 min；氟虫腈，14.162 min；α-硫丹，14.650 min；4,4-DDE，15.124 min；氟虫腈砜，15.343 min；β-硫丹，15.727 min；4,4-滴滴滴，15.900 min；2,4-滴滴涕，15.965 min；4,4-滴滴涕，16.581 min；三氟氯氰菊酯，18.535 min；氯氰菊酯，20.150 min、20.264 min、20.368 min；苯醚甲环唑，21.971 min；溴氰菊酯，22.415 min

HPLC-UV 测定的样品色谱图见图 1-3。

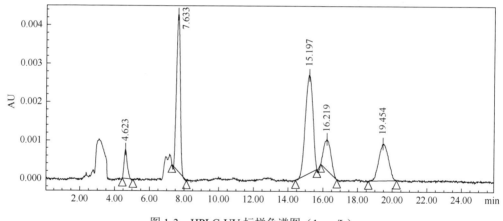

图 1-3　HPLC-UV 标样色谱图（1 mg/L）

样品的出峰时间分别为：甲萘威，4.623 min；百菌清，7.633 min；氟铃脲，15.197 min；氟乐灵，19.454 min

HPLC-MS 测定的样品色谱图及离子峰见图 1-4。

1.2.2　样品的提取和净化

1.2.2.1　水样的提取和净化

（1）SPE 小柱的选择。水样中农药的提取和净化采用固相萃取，我们采用 LC-18、Envi-18、

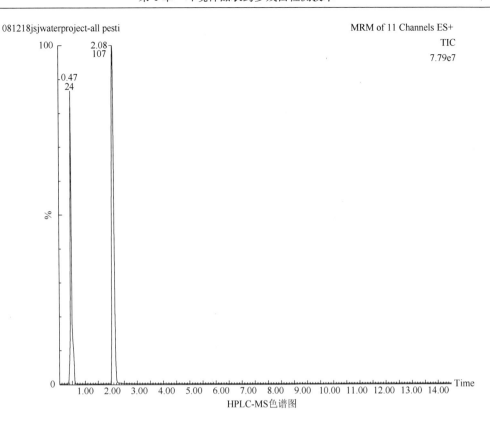

HPLC-MS色谱图

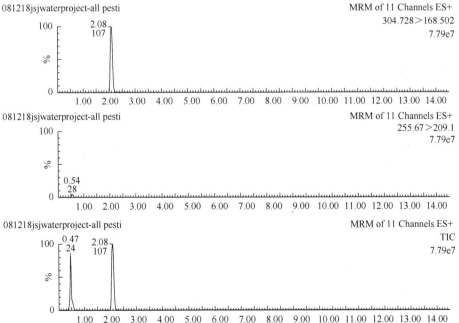

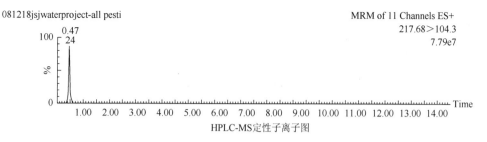

图 1-4　HPLC-MS 色谱图及定性子离子图

Oasis^R HLB、Florisil、Sep-Pak 共 5 种模式（表 1-3），为了比较它们的添加标样于小柱中的净化效果和回收率情况，配制添加浓度为 0.1 mg/L 的混合农药水溶液，各取 200 mL 分别通过上述 5 种 SPE 小柱。

表 1-3　五种 SPE 小柱的物化参数比较

小柱	类型	表面特性	体积/mL	填充量/mg
A	LC-18	硅胶上键合十八烷基（10%含碳量）	3	500
B	Envi-18	硅胶上键合十八烷基（17%含碳量）	3	500
C	Oasis^R HLB	N-乙烯基吡咯烷酮和亲脂性二乙烯基苯聚合物	3	60
D	Florisil	硅酸镁	3	500
E	Sep-Pak	硅胶上键合十八烷基（单点键合相）	3	200

通过 5 种不同固相萃取小柱进行富集，用 5 mL 乙腈洗脱定容后测定，对水样中氟乐灵、氟铃脲、百菌清、甲萘威、吡蚜酮、吡虫啉、二嗪农 7 种农药的回收率试验比较，最终确定 Waters 生产的 3 mL 规格的 Oasis^R HLB 小柱对水样中这 7 种农药有较好的回收率，且样品的杂质干扰较少。选用 Oasis^R HLB 小柱对 7 种农药能获得较高并且稳定的回收率（图 1-5）。

用 10 mL 正己烷-丙酮的混合溶剂（体积比 1∶1）洗脱定容后对水样中其余 29 种农药测定，结果表明 Florisil 小柱对水中 29 种农药的萃取效率最弱；LC-18、Envi-18、Oasis^R HLB、Sep-Pak 4 种小柱对水中 29 种农药的萃取效率相近，其中 Envi-18 小柱对样品的回收率最高并能最大限度地将杂质去除，达到净化的目的。选用 6 mL、1 g 的 Envi-18 小柱进行水中 29 种农药残留量的前处理，测得回收率为 75%～111%，相对标准偏差为 1.3%～5.6%（图 1-6）。

（2）SPE 洗脱溶剂的选择。对水样中氟乐灵、氟铃脲、百菌清、甲萘威、吡蚜酮、吡虫啉、二嗪农 7 种农药的固相萃取选择用乙腈作为洗脱剂，发现接收的第 6 mL 洗脱液中未检测到这 7 种农药的存在，除氟铃脲回收率较低外，其他 6 种农药的回收率在 70.5%～102.4%，相对标准偏差在 1.0%～8.1%（表 1-4）。

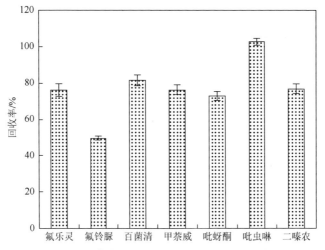

图 1-5　Oasis^R HLB 小柱对水中 7 种农药的萃取效率

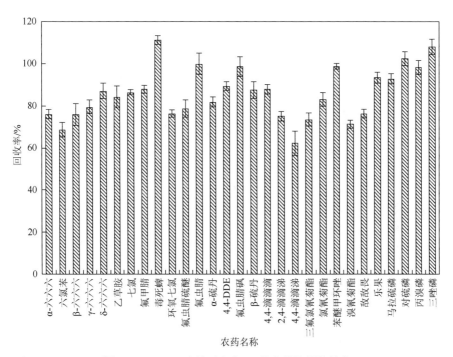

图 1-6　Envi-18 小柱对水中 29 种农药的萃取效率

表 1-4　水样中加标 7 种农药的回收率及相对标准偏差

农药种类	添加水平			
	0.01 mg/L		0.1 mg/L	
	回收率/%	相对标准偏差/%	回收率/%	相对标准偏差/%
氟乐灵	75.9	7.3	72.8	4.6
氟铃脲	49.4	4.6	45.3	2.1
百菌清	81.3	1.2	85.2	4.8
甲萘威	76.2	1.0	82.1	1.9

续表

农药种类	添加水平			
	0.01 mg/L		0.01 mg/L	
	回收率/%	相对标准偏差/%	回收率/%	相对标准偏差/%
吡蚜酮	72.6	4.3	70.5	8.1
吡虫啉	102.4	2.6	91.1	7.6
二嗪农	76.6	2.5	70.3	5.5

对于水样中其余 29 种农药，选择了具有不同极性的正己烷、丙酮、丙酮-正己烷（体积比 1：1）这几种不同的洗脱剂作为研究对象。试验结果显示，丙酮由于极性较强，可对大多数农药充分洗脱，但是也能将萃取小柱中的杂质一同洗脱下来，对仪器检测造成干扰。正己烷由于极性较小，对部分农药的洗脱效果不理想。丙酮-正己烷的混合溶剂（体积比 1：1）作为洗脱剂，对大多数农药都能有效提取，且对杂质洗脱也较少，其洗脱效果较为理想，用 10 mL 该混合溶剂洗脱，平均回收率均超过 75%，结果见表 1-5。

表 1-5　水样中加标 29 种农药的回收率及相对标准偏差

农药种类	添加水平			
	0.01 mg/L		0.1 mg/L	
	回收率/%	相对标准偏差/%	回收率/%	相对标准偏差/%
α-六六六	76	2.3	80	3.2
六氯苯	68	3.4	75	3.3
β-六六六	76	5.2	79	3.5
γ-六六六	79	3.3	75	6.2
δ-六六六	87	3.6	90	6.3
乙草胺	84	5.2	82	1.3
七氯	86	1.3	86	1.6
氟甲腈	88	1.9	92	2.5
毒死蜱	111	2.1	105	3.4
环氧七氯	76	1.7	82	4.6
氟虫腈硫醚	78	4.2	77	2.1
氟虫腈	100	4.9	89	2.2
α-硫丹	82	2.4	86	3.5
4, 4-DDE	89	2.1	89	2.6
氟虫腈砜	98	4.6	99	5.3
β-硫丹	87	3.9	95	5.3
4, 4-滴滴滴	88	2.2	88	2.6
2, 4-滴滴涕	75	2.3	85	1.9
4, 4-滴滴涕	62	5.6	86	1.8
三氟氯氰菊酯	73	3.2	80	5.1
氯氰菊酯	83	3.3	80	5.9

续表

农药种类	添加水平			
	0.01 mg/L		0.1 mg/L	
	回收率/%	相对标准偏差/%	回收率/%	相对标准偏差/%
苯醚甲环唑	98	1.3	96	2.6
溴氰菊酯	71	1.9	77	1.6
敌敌畏	76	2.1	77	1.9
乐果	93	2.6	90	1.8
马拉硫磷	93	2.4	95	3.2
对硫磷	102	3.3	96	3.6
丙溴磷	98	3.4	99	3.3
三唑磷	108	3.7	111	2.1

1.2.2.2 沉积物样品的提取和净化

ASE 提取土壤样品中农药的残留，主要考虑 3 个因素的影响，一是提取溶剂的选择，二是提取温度的选择，三是循环次数的选择。从沉积物中提取农药残留可选用不同的萃取溶剂，包括乙腈、丙酮、正己烷和乙酸乙酯等。研究比较了用正己烷、丙酮单一溶剂和混合溶剂提取的效果。结果表明用乙腈为提取溶剂对沉积物中氟乐灵、氟铃脲、百菌清、甲萘威、吡蚜酮、吡虫啉、二嗪农 7 种农药进行提取基质干扰较少且回收率较高。除去氟铃脲回收率较低外，样品回收率为 62.3%~83.1%。对于沉积物中其余 29 种农药采用正己烷/丙酮（体积比 1∶1）的混合溶剂提取，农药的回收率较高且杂质峰较少，无须净化，效果令人满意。由于正己烷提取效率太低，丙酮由于极性大，能将样品中的杂质也提取，出来，干扰色谱峰太多。加速溶剂萃取仪的提取温度可以在 40~200℃ 设置，采用 80~100℃ 提取，可以将样品中的待测农药残留完全提取出来，温度太高提取溶剂损失严重，同时高压也会造成待测组分的分解。同时，循环萃取 2 次，沉积物样品中各种农药的添加回收率为 62.2%~114.1%（表 1-6）。

表 1-6 沉积物样品中加标 36 种农药的回收率、检出限及相对标准偏差

农药种类	检出限/(μg/L)	添加水平	
		0.1 mg/kg	
		回收率/%	相对标准偏差/%
α-六六六	0.05	62.2	3.2
六氯苯	0.04	114.1	5.6
β-六六六	0.10	74.3	3.3
γ-六六六	0.05	65.3	6.8

农药种类	检出限/(μg/L)	添加水平 0.1 mg/kg	
		回收率/%	相对标准偏差/%
δ-六六六	0.05	77.0	5.1
乙草胺	0.50	87.0	5.3
七氯	0.05	78.4	6.3
氟甲腈	0.10	69.4	3.9
毒死蜱	0.10	91.0	4.3
环氧七氯	0.05	66.0	6.2
氟虫腈硫醚	0.03	68.6	2.3
氟虫腈	0.10	79.2	2.1
α-硫丹	0.10	90.2	3.1
4,4-DDE	0.05	65.9	3.8
氟虫腈砜	0.10	66.3	4.5
β-硫丹	0.10	88.4	6.3
4,4-滴滴滴	0.10	94.7	1.1
2,4-滴滴涕	0.16	79.8	5.6
4,4-滴滴涕	0.10	76.2	2.3
三氟氯氰菊酯	0.10	106.1	2.8
氯氰菊酯	0.10	68.9	6.1
苯醚甲环唑	0.50	93.8	5.3
溴氰菊酯	0.16	65.7	5.1
敌敌畏	0.15	78.2	4.2
乐果	0.13	97.0	3.4
马拉硫磷	0.14	82.8	3.2
对硫磷	0.14	93.8	3.6
丙溴磷	0.18	110.1	2.2
三唑磷	0.02	72.5	2.9
氟乐灵	0.25	62.3	3.8
氟铃脲	80.0	39.5	5.1
百菌清	20.0	83.1	6.2
甲萘威	30.0	70.5	4.3
吡蚜酮	0.08	64.1	3.6
吡虫啉	0.70	72.6	5.8
二嗪农	0.04	60.9	2.9

1.2.2.3　准确度和精密度

表 1-4～表 1-6 表明，农药在水中和沉积物中的加标回收除氟铃脲回收率较低外，其范围分别为 62%～111% 和 60.9%～114.1%，相对标准偏差分别为 0.5%～8.1% 和 1.1%～6.8%；测定结果均可以满足农药多残留定量分析的要求。

1.2.2.4　环境样品农药多残留分析流程

总结从水样、沉积物样品等环境样品中提取农药的残留分析流程，如图 1-7 和图 1-8。

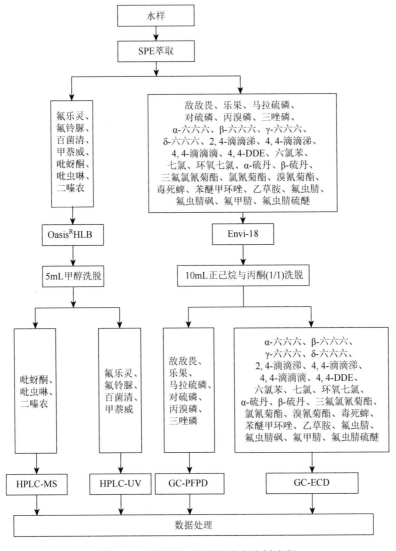

图 1-7　水样中 36 种农药残留分析流程

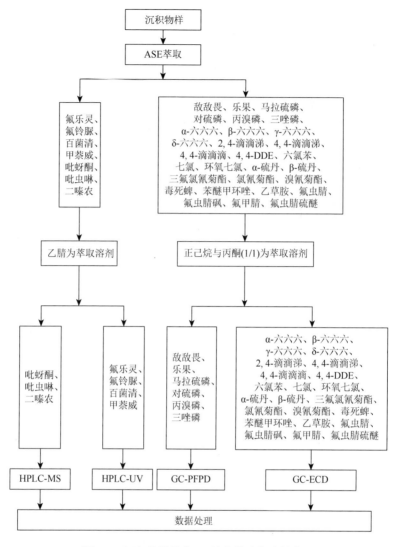

图 1-8　沉积物样品中 36 种农药残留分析流程

1.3　本章小结

（1）采用固相萃取-气相色谱技术和高效液相色谱（质谱）技术研究建立了水体中农药残留量的测定方法，获得了满意的分离效果和检测灵敏度，方法的准确度、精密度和测定低限满足水体中多残留分析要求。

（2）运用加速溶剂萃取-气相色谱法和液相色谱法，建立了沉积物样品中 36 种农药残留量的测定方法，除氟铃脲外，方法的回收率范围为 62.2%～114.1%，相对标准偏差为 1.1%～6.8%，方法的检出限为 0.02～0.50μg/L。该方法的回收率、精密度、检测限均符合底泥样品中多种农药残留检测分析的要求。

本章主要参考文献

李炳华，任仲宇，陈鸿汉，等. 2007. 太湖流域某农业区浅层地下水有机氯农药残留特征初探[J]. 农业环境科学学报，26（5）：1714-1718.

孙剑辉，柴艳，张干，等. 2009. 黄河中下游水体中有机氯农药含量与分布[J]. 人民黄河，31（1）：43-45.

王东红，原盛广，马梅，等. 2007. 饮用水中有毒污染物的筛查和健康风险评价[J]. 环境科学学报，27（12）：1937-1943.

夏凡，胡雄星，韩中豪，等. 2006. 黄浦江表层水体中有机氯农药的分布特征[J]. 环境科学研究，19（2）：11-15.

Dai G，Liu X，Liang G，et al. 2013. Evaluating the sediment-water exchange of hexachlorocyclohexanes（HCHs）in a major lake in North China[J]. Environ. Science Processes & Impacts，DOI：10. 1039/C2EM30794D.

Gao J，Zhou H，Pan G，et al. 2013. Factors influencing the persistence of organochlorine pesticides in surface soil from the region around the Hongze Lake，China[J]. Science of The Total Environment，443（15）：7-13.

Hu X X，Xia D X，Han Z H，et al. 2005. Distribution characteristics and fate of organochlorine pesticide in water-sediment of Suzhou River[J]. China Environmental Science，25（1）：124-128.

Kland. 1988. Chapter 8-teratogenicity of pesticides and other environmental pollutants[M]. Studies in Environmental Science，31：315-463.

Smith A G，Gangolli S D. 2002. Organochlorine chemicals in seafood occurrence and health concern[J]. Food and Chemical Toxicology，40（6）：767-779.

Wang T，Zhang Z L，Huang J，et al. 2007. Occurrence of dissolved polychlorinated biphenyls and organic chlorinated pesticides in the surface water of Haihe River and Bohaibay，China[J]. Environmental Science，28（4）：730-735.

Wu Y，Shi J，Zheng G J，et al. 2013. Evaluation of organochlorine contamination in Indo-Pacific humpback dolphins（Sousa chinensis）from the Pearl River Estuary，China[J]. Science of the Total Environment，444（1）：423-429.

第 2 章　东苕溪流域农药使用状况调查

据《浙江统计年鉴》的统计数据，1984～1998 年，浙江省农药的总施用量由 4.1 万 t 上升到 6.6 万 t，年递增 4.05%。2008 年浙江省全省农药施用量为 6.49 万 t，耕地面积为 159.734 万 hm²，单位面积的用药量达 40.65 kg/hm²。相关统计资料表明，浙江北部的杭嘉湖地区是我国生产水平较高的稻区之一，也是农药使用水平和施用量较大的地区。

东苕溪流域存在农药使用量大、污染源情况不明，作为饮用水源地水质安全保障不足等问题。为进一步了解苕溪流域农药使用现状，系统地开展了东苕溪流域农药使用现状调查，明确东苕溪流域农药使用现状以及存在的问题，为实施农药的控制与消减工程提供基础数据和科学依据。

2.1　调　查　方　法

东苕溪为我国东南沿海和太湖流域唯一一条没有独立出海口的南北向的天然河流，地跨杭州、湖州两市和临安、余杭、德清、安吉、湖州菱湖、城区、长兴等 7 个县级市（区）。水系有东、西苕溪两大支流，其中东苕溪干流长度 157.4 km，流域总面积 4 576.4 km²。东苕溪流域是我国种植农业比较发达的地区，流域涵盖的浙江湖州市、杭州市的余杭区和临安区总的种植面积约 636.85 万亩，主要种植作物包括水稻、竹林、蔬菜、茶叶和蚕桑、油菜、小麦和果树（以山核桃为主）等。在这些地区，水稻是主要的粮食作物，竹林是主要的经济林业，分别占总种植面积的 30.1%和 30.7%。各地主要作物种植面积见表 2-1。

表 2-1　主要作物种植面积　　　　　　　　　　（单位：万亩）

地点	总面积	茶叶	桑树	竹林	果树	水稻	蔬菜	油菜	麦类
湖州市	360.5	18.5	30	80	4	140	30	50	8
余杭区	122.95	8.85	—	35.29	—	44	34.81	—	—
临安区	153.4	5.4	12	80	38	8	3	6	1

本书相关调查以 2008 年和 2009 年为时间节点，充分考虑了东苕溪流域的农作物情况特征及农药使用情况，根据本书情况，涉及区域为东苕溪流域的杭州市余杭区、临安区以及湖州市。包括苕溪流域农药使用情况，当地病虫草害发生规律，主要农作物农药使用品种、有效成分及其含量、使用次数、施用量、施用方法等。本书采用的方法有：实地调查、问卷调查、简报、年鉴统计资料等方法，结合东苕溪流域农药使用量、使用品种、使用现状等进行综合分析调查。

通过东苕溪流域农药使用情况的调查,以及对农药调查结果的整合与统计,同时开展农药对生态效应的研究,阐明对东苕溪流域水体产生潜在危险的农药品种种类以及造成东苕溪流域农药污染的主要来源,为东苕溪流域农用化学品面源污染控制和管理提供基础数据。

2.2　结果与分析

2.2.1　主要农作物病虫草害发生情况

水稻:浙江湖州市、杭州市的余杭区和临安区常年水稻种植面积约 192 万亩,主要种植方式为水直播。稻田杂草发生、危害较重,常年为稻田除草必须施药 2~3 次。病虫害发生地区之间差异不大,近年危害较重的有稻纵卷叶螟、稻飞虱、二化螟、纹枯病和稻曲病。其他病虫害包括水稻钻蛀性螟虫、种传病害和条纹叶枯病。水稻是农作物中使用农药较多的品种之一。一般情况下每年水稻种植过程中会使用农药 7 次左右,遇到病虫害较多的年份,甚至会达到 12 次之多。水稻种植过程中涉及除草剂、杀虫剂和杀菌剂的使用。由于水稻在种植过程中的排水换水、用药频繁等特性,其对水体的农药污染具有很大的潜在危害性。

竹林:食用竹林和食、材两用竹林是当地重要的经济支柱,也是农民重要的增收来源,近年来种植面积有扩大的趋势。而且农民也更加重视竹林的植物保护以及病虫害的防治。竹林主要害虫有地下害虫(金针虫、蛴螬为主)、竹笋禾夜蛾和竹螟、潜实蝇;主要病害有竹枯梢病。杂草也是竹林重要的防除对象,杂草对竹林危害有可能超过病、虫害的危害。竹林使用农药具有一定的特殊性,主要是当地竹林一般种植在山地山坡上,遇降雨情况下,农药随雨水径流迁移,有可能对附近水体产生影响。

蔬菜:浙江湖州市、杭州市的余杭区和临安区主要蔬菜有十字花科蔬菜(包菜、花菜、青菜)、茄科蔬菜(番茄、辣椒、茄子)、豆科蔬菜(四季豆、豇豆、青黄豆)、瓜类(黄瓜、笋瓜、西瓜等),其他还有水生蔬菜(茭白、藕、荸荠)。蔬菜作物的主要害虫包括菜青虫、小菜蛾、甜菜夜蛾、斜纹夜蛾、潜叶蝇、螨类和地下害虫。主要病害包括灰霉病、菌核病、炭疽病、病毒病、霜霉病、枯萎病。近年来,在设施蔬菜栽培中,烟粉虱成为主要害虫,对其使用农药的频率最高。蔬菜生长周期短,病虫种类多,发生重,因此在蔬菜上的农药使用上具有次数多、用量大等问题。但是由于蔬菜种植的区域一般为旱地,所以,蔬菜种植过程中产生的农药迁移性比较小,对水体污染的危害相对较小。

2.2.2　东苕溪流域农药使用情况

2.2.2.1　农药主要品种

根据当地农业部门和林业部门介绍使用的常见农药品种,归纳起来有数十个农药品种,按照这些农药的结构,大体上可分为 10 类,见表 2-2。

表 2-3 给出了东苕溪流域使用量大的农药品种。在东苕溪流域使用的农药品种中，使用量最大的品种是草甘膦，这主要是因为当地竹林和山核桃种植面积较大，在果园和竹林主要用草甘膦进行防除杂草，仅临安区常年使用草甘膦（10%水剂）就超过 1 000 t，在浙江湖州市、杭州市的余杭区和临安区全年使用量在 2 500 t 左右，是当地使用的农药品种中吨位最高的。在杀虫剂中使用量最大的品种是毒死蜱（48%或 40%乳油），毒死蜱杀虫谱广，应用作物种类多，在水稻、果树、茶叶、桑树、蔬菜上都有使用，在我们调查的地区，毒死蜱常年使用量在 1 150 t 左右。在杀菌剂中使用量最大的品种是井冈霉素（5%～10%水剂），在 192 万亩水稻田中，常年需要使用 2 次以上控制水稻纹枯病，常年使用量超过 1 300 t。

表 2-2 东苕溪流域农药使用主要品种

农药类别	农药名称
有机磷类	草甘膦、毒死蜱、稻瘟灵、乐果、丙溴磷、二嗪磷、辛硫磷、三唑磷
氨基甲酸酯类	灭多威、茚虫威、速灭威、甲萘威
生长激素类	噻嗪酮、虫螨腈、氟铃脲、氟啶脲、灭幼脲
三唑类	丙环唑、苯醚甲环唑、戊唑醇、己唑醇、三唑酮
酰胺类	氯虫苯甲酰胺、灭蝇胺、咪鲜胺、乙草胺
拟除虫菊酯类	溴氰菊酯、氯氟氰菊酯、联苯菊酯
生物农药类	井冈霉素、阿维菌素、苏云金杆菌、斜纹夜蛾核型多角体病毒
新烟碱类	啶虫脒、吡虫啉、吡蚜酮、烯啶虫胺
磺酰脲类	苄嘧磺隆、吡嘧磺隆
有机氮类	杀虫单、杀虫双、硫丹

表 2-3 东苕溪流域使用量大的农药品种

名称	使用量	使用作物	类别
草甘膦	3 500 t（10%水剂）	水稻、竹林、果树	除草剂
苄嘧磺隆	900 t（40%可湿性粉剂）	水稻田除草	除草剂
毒死蜱	1 150 t（48%或 40%乳油）	水稻、果树、茶叶、桑树、蔬菜	杀虫剂
阿维菌素	200 t（1.8%乳油）	水稻、果树、蔬菜	杀虫剂
噻嗪酮	150 t（25%乳油）	水稻、果树、茶树、蔬菜	杀虫剂
井冈霉素	1 300 t（5%～10%水剂）	水稻、茭白	杀菌剂

在农药剂型方面还是以传统剂型为主，乳油（EC）、可湿性粉剂（WP）、粉剂（DP）、颗粒剂等 4 类传统农药剂型所占比例约为 60%，水剂（WC）、悬浮剂（SC）、悬乳剂（SE）等新剂型所占比例为 40%左右。而调查也发现，新剂型农药的生产厂家都是国内外大品牌的厂家，这也与农药生产水平有关。当地选用新剂型的比例与以往有所差别，新剂型比例有所上升，这也与当地农资部门的推广以及当地相对较好的经济条件有关。以下介绍 13 种常见的农药。

1）毒死蜱

毒死蜱（chlorpyrifos）是一种高效、广谱、安全的有机磷杀虫、杀螨剂，化学名称 O-二乙基-O-（3，5，6-三氯-2-吡啶基）硫代磷酸酯，分子式 $C_9H_{11}Cl_3NO_3PS$，乙酰胆碱酯酶抑制剂，属硫代磷酸酯类杀虫剂，对水稻、小麦、棉花、果树、蔬菜、茶树上多种咀嚼式和刺吸式口器害虫均具有较好的防效，属中等毒性杀虫剂。毒死蜱对鱼类及水生生物毒性较高，对蜜蜂有毒。试验表明，毒死蜱对甲壳类水生生物较为敏感，它对青虾和中华绒螯蟹 96 h LC_{50} 分别为 17.3μg/L 和 0.66 mg/L，属于剧毒和高毒农药。由于毒死蜱对虾、蟹等甲壳类水生生物极为敏感，因此在稻田使用毒死蜱后其田间水排放对附近水生生物产生急性毒性的潜在风险。

通过调查，东苕溪流域使用的杀虫剂中使用量最大的品种是毒死蜱（48%或 40%乳油），在我们调查的地区，毒死蜱常年使用量在 1 150 t 左右（折纯 550 t）。根据东苕溪流域 15.4 亿 m³，毒死蜱使用量折纯为 550 t，若毒死蜱全部进入水体中，水体中毒死蜱浓度可达 36μg/L，极端情况下对生态环境造成危害。毒死蜱在东苕溪流域主要使用在水稻上，由于水稻种植的特殊性，农药的流失率要大于旱地作物，同时浙江湖州德清地区是著名的青虾养殖区，因此，毒死蜱对水生生物的潜在危害应该引起有关部门重视。

2）阿维菌素

阿维菌素为杀虫、杀螨剂，大环内酯双糖类化合物。阿维菌素对昆虫和螨类具有触杀和胃毒作用并有微弱的熏蒸作用，致死作用较慢。小鼠急性经口 LD_{50} 为 13.6～23.8 mg/kg；兔急性经皮 LD_{50}>2 000 mg/kg；无遗传毒性，无致癌作用。阿维菌素制剂低毒，对人无影响，但是对鱼、蜜蜂高毒，喷雾地点应远离河流。东苕溪流域阿维菌素的使用面较广，而且常年使用量达到 200 t 左右，因此，应该对阿维菌素的使用后对水体环境的影响加以重视。

3）氯氟氰菊酯

氯氟氰菊酯（lambda-cyhalothrin），分子式为 $C_{23}H_{19}ClF_3NO_3$。黄色至棕色黏稠油状液体（工业品）；沸点 187～190℃/0.2 mmHg；蒸气压约 0.001 mPa（20℃）；密度 1.25（25℃）；溶解度水中 0.004 μg/L（20℃）；溶于丙酮，二氯甲烷，甲醇，乙醚，乙酸乙酯，己烷，甲苯，均>500 g/L（20℃）；50℃黑暗处存放 2 年不分解，光下稳定，275℃分解，光下 pH 7～9 缓慢分解，pH>9 加快分解。通过抑制昆虫神经轴突部位的传导产生毒性，对昆虫具有趋避、击倒及毒杀的作用。

4）硫丹

硫丹，又名赛丹、硕丹，是一种具有杀虫杀螨作用的有机氯类杀虫剂。目前很多研究表明硫丹对动物和人类健康存在极大威胁。2009 年，《斯德哥尔摩公约》的专家咨询委员会建议将硫丹纳于 POPs。目前浙江省使用硫丹防治茶树害虫的常年使用量为 40 t 左右，该产品已成为茶园使用的重要农药品种之一。目前生产上一般常年每亩使用量为 60～80 mL（35%乳油）。东苕溪流域是浙江茶叶的主要产区之一，茶叶种植面积为 32.8 万亩，约占全省种植面积的 12.4%。如果按 50%的茶园使用硫丹计算，则东苕溪流域每年使用硫丹的量在 11 t 左右，折纯含量为 3.85 t。

5）草甘膦

草甘膦属低毒除草剂，原粉大鼠急性经口 LD_{50} 为 4 320 mg/kg，兔急性经皮 LD_{50}

＞7940 mg/kg。对兔眼睛和皮肤有轻度刺激作用，对豚鼠皮肤无过敏和刺激作用。草甘膦在动物体内不蓄积。在试验条件下对动物未见致畸、致突变、致癌作用。对鱼和水生生物毒性较低；对蜜蜂和鸟类无毒害；对天敌及有益生物较安全。在水中的溶解度为 1.2%（25℃时）。对人畜毒性低。

草甘膦主要用于水稻、果树和竹林等防、除杂草。东苕溪流域使用草甘膦量比较大，仅临安区常年使用草甘膦（10%水剂）就达 1 000 多 t，在浙江湖州市、杭州市的余杭区和临安区全年使用量在 2 500 t 左右，是当地使用的农药品种中吨位最高的。虽然草甘膦毒性较小，但是由于其高水溶性和大使用量，其对水体的影响仍应引起高度重视。

6）甲萘威

甲萘威是一种广谱的氨基甲酸酯类杀虫剂，具有触杀作用，兼有胃毒作用，具有良好的残效和内吸作用。主要能防治水果、蔬菜、棉花和其他经济作物上的害虫。东苕溪流域甲萘威主要施用在水稻、蔬菜和茶叶上。水稻上甲萘威的使用率不高，主要施用在蔬菜和茶叶上。按水稻、茶叶和蔬菜施用一次，施用率20%计算，初步估算甲萘威的使用量在 150 t 左右。甲萘威在环境中具有中等移动性，水中和土壤中的降解半衰期分别为12 d 和16 d。

7）三唑磷

茭白生长过程中主要的病虫害有二化螟、大螟、长绿飞虱和纹枯病、锈病等，防治方法目前主要为化学防治，防治茭白病虫害使用的农药品种有"三唑磷"和"杀虫双"等。东苕溪流域茭白种植面积 22 000 多亩，调查发现当地茭白种植过程中普遍使用 20%三唑磷防治二化螟，使用量为每亩用 20%三唑磷 120 mL，每季一般用 2 次。根据使用量和使用面积，估算当地三唑磷使用量在 0.53 t（折纯）左右。三唑磷在土壤和水中具有一定的稳定性，土壤和水中的降解半衰期分别为44 d 和140 d，另外茭白在种植过程中经常需要换水等措施，因此在实际种植过程中，会有大量的三唑磷排放到水系中。

8）氟铃脲

氟铃脲属苯甲酰脲杀虫剂，是几丁质合成抑制剂，具有很高的杀虫和杀卵活性，而且速效，防治多种鞘翅目、双翅目、同翅目昆虫。氟铃脲在环境中降解较慢，大田中土壤半衰期达到170 d，在水中也具有一定的稳定性。

氟铃脲是东苕溪流域农业部门重点推荐使用的农药品种之一，一般在水稻上和其他农药复配，使用次数为2～3 次，平均每亩施用量为42 g（折纯），由此推算，东苕溪流域氟铃脲施用量为80 t 左右。

9）氟乐灵

氟乐灵为选择性芽前二硝基苯胺类除草剂，主要用于蔬菜、棉花等的除草，是选择性芽前土壤处理剂，主要通过杂草的胚芽鞘与胚轴吸收，对已出土杂草无效。对鸟类低毒，对鱼类高毒。氟乐灵在水中的溶解度很低（0.221 mg/L），属不移动农药，同时其主要应用于旱地播种前除草，因此，氟乐灵对水体的影响较小。

10）咪鲜胺

咪鲜胺属低毒杀菌剂。大鼠急性经口LD_{50}为 1 600 mg/kg，急性经皮LD_{50}＞5 000 mg/kg，急性吸入 6 h LC_{50}＞420 mg/m^3。对大鼠皮肤及眼睛均无刺激，但对兔皮肤和眼睛有中度刺激。亚慢性 90 d 喂养试验,对大鼠最小影响的剂量为 6 mg/(kg·d)。小鼠的无作用剂量为 6 mg/(kg·d)。未发现致畸、致突变和致癌作用。动物繁殖试验未见异常。慢性毒性试验,对大鼠无作用剂量为 1.3 mg/(kg·d);对小鼠无作用剂量为 7.5 mg/(kg·d);对狗的无作用剂量为 0.9 mg/(kg·d)。对鸟低毒,野鸭急性经口 LD_{50} 为 3 132 mg/kg。对鱼和水生生物中等毒。对蜜蜂接触毒性 LD_{50} 为 5 μg/只,经口 LD_{50} 为 61 μg/只。在不同类型土壤中的半衰期为 3～5 个月不等。

咪鲜胺在当地主要用于水稻浸种,每亩次仅用 2～3 mL,使用量较小。但咪鲜胺使用中有其特殊性,咪鲜胺用于水稻浸种,浸种后的药液基本上被倒入村庄周围的水沟中或空地上。由于咪鲜胺对鱼和水生生物具有中等毒性,并且降解半衰期也较长,因此,管理不当会给当地的水体造成一定的风险。

11)苄嘧磺隆

苄嘧磺隆是选择性内吸传导型除草剂,适用于稻田防除一年生及多年生阔叶杂草和莎草。大鼠急性经口 LD_{50} 为 5 000 mg/kg,小鼠＞10 985 mg/kg。家兔急性经皮 LD_{50} ＞ 2 000 mg/kg。对眼无刺激。大鼠慢性经口无作用剂量为 750 mg/kg。动物试验未见致畸、致癌、致突变作用。鲤鱼 LC_{50} ＞1 000 mg/L(48 h),野鸭急性经口 LD_{50} ＞2 150 mg/kg。苄嘧磺隆的毒性较小,因此对水体环境的影响不大。

12)噻嗪酮

噻嗪酮是一种杂环类昆虫几丁质合成抑制剂,主要用于水稻、果树、茶树、蔬菜等。雄大白鼠急性经口 LD_{50} 为 2 198 mg/kg,雄小白鼠 LD_{50} ＞5 000 mg/kg。雄大白鼠急性经皮毒性＞5 000 mg/kg。对皮肤和眼睛无刺激作用。修复试验和 Ames 试验结果未见致畸作用。鲤鱼 48 h 的半数耐变量为 2.7 mg/L,水蚤平均耐受限超过 50.6 mg/L。

虽然噻嗪酮的水解速率慢(pH 5 为 51 d,pH 7 为 378 d,pH 9 为 396 d),但是由于噻嗪酮毒性和用量较小,因此不会对当地的水体环境造成影响。

13)井冈霉素

井冈霉素为一种放线菌产生的抗生素,主要用于水稻纹枯病,也可用于水稻稻曲病以及蔬菜和棉花等作物病害的防治。属低毒杀菌剂。纯品,大、小鼠急性经口 LD_{50} 均大于 2 000 mg/kg,皮下注射 LD_{50} 均大于 1 500 mg/kg。5 000 mg/kg 涂抹大鼠皮肤无中毒反应。对鱼类低毒,鲤鱼 96 h 的半数耐变量 LD_{50} ＞40 mg/kg。

井冈霉素是当地使用量最大的杀菌剂品种,在 192 万亩水稻田中,常年需要使用 2 次以上控制水稻纹枯病,常年使用量达 1 300 多 t。由于井冈霉素毒性较低,因此其对水体环境的影响有限。

2.2.2.2　农药施用量

根据农业部公布数据,2008 年浙江农药使用量为 6.49 t。由于东苕溪流域气候条件适宜,水资源丰富、水网发达,种植业和养殖业发展迅猛,农业化学品使用量较大。表 2-4 给出了余杭、临安、湖州 3 地 2000 年后的农药使用情况。从这些数据中可以看出,最近几年 3 地的农业种植情况发生了一些变化。从农药使用量上来看余杭区、临安区、湖州市的农药使用量都有增加。余杭区农药从 2000 年的 1 329 t 增加到 1 375 t，其中 2005 年达到 1 480 t，比 2000 年增加了 11.4%；临安区农药使用量从 2000 年开始逐步增加，从 2000 年的 788 t 增加到 1 197 t，增长了 51.9%；湖州市农药使用量从 2000 年的 4 011 t 增加到 5 211 t，增长了 30%。

表 2-4　东苕溪流域农药使用量

年度	余杭			临安			湖州		
	农药使用量/t	耕地面积/hm²	单位面积使用量/(kg/hm²)	农药使用量/t	耕地面积/hm²	单位面积使用量/(kg/hm²)	农药使用量/t	耕地面积/hm²	单位面积使用量/(kg/hm²)
2007	1 375	33 854	40.6	1 197	18 765	63.8	5 211	97 654	53.4
2006	1 417	33 867	41.8	1 142	18 758	60.9	5 129	97 604	52.5
2005	1 480	33 867	43.7	1 048	18 824	55.7	5 086	97 540	52.1
2004	1 349	33 904	39.8	1 063	18 904	56.2	4 594	97 317	47.2
2003	1 201	33 903	35.4	958	18 969	50.5	4 263	97 321	43.8
2002	1 385	33 910	40.8	839	18 966	44.2	4 011	97 371	41.2
2001	1 282	34 545	37.1	708	19 124	37.0			
2000	1 329	35 464	37.5	788	19 201	41.0			

　　图 2-1 为余杭、临安、湖州 3 地耕地面积变化情况，图 2-2 给出了 2000 年以后余杭、临安、湖州 3 地农药使用情况。从图中可以看出农药使用呈现逐年增加的趋势。余杭：2007 年

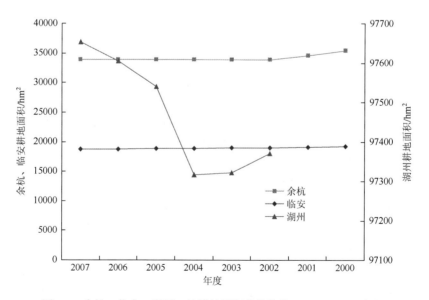

图 2-1　余杭、临安、湖州 3 地耕地面积变化趋势（2000～2007 年）

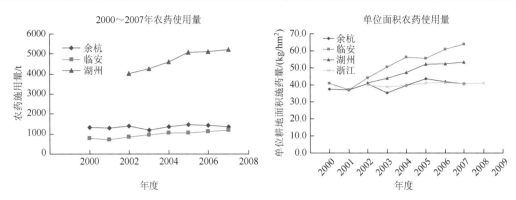

图 2-2 2000～2007 年农药使用量及单位面积农药使用量

单位农药施用量达到 40.6 kg/hm² ，与 2000 年的 37.5 kg/hm² 相比增加了 8.3%；湖州：2007 年单位农药施用量达到 53.4 kg/hm² ，与 2000 年的 41.2 kg/hm² 相比增加了 29.6%；临安：2007 年单位农药施用量达到 63.8 kg/hm² ，与 2000 年的 41.0 kg/hm² 相比增加了 55.6%。从数据上看，临安的单位面积农药使用量最大。与太湖流域其他地区相比，无锡和常州 2005 年农药的单位面积使用量达 42 kg/hm² ，余杭、临安、湖州的数据分别为 43.7 kg/hm² 、55.7 kg/hm² 、52.1 kg/hm² ，余杭地区农药使用水平与无锡和常州相当，而临安和湖州的使用水平明显高于余杭、无锡和常州。与此同时，浙江全省 2002～2008 年单位面积农药使用量为 38.75～41.22 kg/hm² ，虽有增长，但增速缓和。临安和湖州农药使用水平明显高于浙江全省水平。

根据换算，2003 年全国、浙江省和杭州市的单位面积农药施用量分别为 10.74 kg/hm² 、38.7 kg/hm² 和 48.75 kg/hm² ，而余杭、临安和湖州分别为 35.4 kg/hm² 、50.5 kg/hm² 和 43.8 kg/hm² 。以上数据也表明，浙江地区农药使用水平高于全国平均水平，而临安和湖州的农药使用水平又高于整个浙江地区的平均水平。

2.2.2.3 农药施用方式

散户农户打药采用的器械较为简单，一般还是传统的背负式人工手动喷药装置，其装置与打药状态图如图 2-3 所示。

图 2-3 农户自防用药

随着科技进步及国家对农业惠农补贴政策的大力开展,东苕溪流域的农业机械化也发生很大变化。农业大户以及专业植保合作社的农药喷施机械设备得到很大改善,在农药机械上主要体现在担架式机动喷雾机和背负式机动喷雾机的推广。统计资料表明目前余杭有机动喷雾器近300台,临安4 191台,湖州894台,而2000年的数据分别为151台,172台,203台,可见东苕溪地区农业机械的拥有量大幅提高(图2-4)。

图2-4　机动农药喷施作业

2.2.2.4　农药施用存在问题

1)施药方式

浙江省是我国经济相对发达的省份,农民收入水平在全国名列前茅,2007年余杭农民人均收入为11 307元,临安为9 271元,湖州为8 878元。随着经济发展,当地农村劳动力成本较高。较高的劳动力成本使得农户用药成本中劳动力成本占比很大。同时,务农劳动力老年化趋势比较明显,且大多自己从事病虫防治。农民用药时更多考虑的是如何省工省力,而不是省药。相比没有药害的农药品种,农民更多考虑的是如何把药用足,确保效果。对于自我防治用药的农民,更多的是依据自己观察和经验对用药时间、用药次数、用药品种和用药量作出判断。在水稻种植使用的农药中,60%的农户使用农药超过规定用量。由于病虫草对农药抗性的增加以及某些农药品种质量下降,农民实际用药量普遍较推荐用量更多。擅自加大用药剂量,复配农药,重复施药,不考虑用药间隔。由于农药包装的规格限制(很多按亩施用量包装),而很多农户水稻种植面积又不是整数的,购买农药时是进位整配售农药,比如一农户仅有1.1亩水稻,所购农药量一般是2亩的量,极少农户会明确表示按要求配药。由于包装、储藏等限制因素,导致农民是购多少用多少,绝大多数农户会一次全用完多余的药,特别是小包装的粉剂型农药(一拆封难以再贮存),客观上也造成了农户过量使用农药的行为。

农户总体文化素质水平不高是导致农药过量施用甚至滥用的深层原因。我国农民的总体受教育水平较为落后,文化程度普遍不高,缺乏合理用药知识,在治虫时用药次数的多少主要看是否有效,若无效,就多喷。但大多数农户对"有效"的理解相当肤浅,许多农户甚至认为喷药时虫子当场死去才算"有效",否则便为"无效";大多数农户认为多用药，治虫的效果一定会更好。对农户用药量的调查也清楚表明，文化程度较高或者耕种面积大的农户单位面积的用药量较少。随着文化程度提高，农户选择农药类型有明显差异，文化程度高的农户选择的是质高量小（当然价也高）的农药，而文化程度低的农户则相反。

此外，农药使用中混用现象较普遍。每次混用 2～3 种农药的比例高达 80%，混用 3 种农药以上的占 15%。对生物农药使用偏少。采用的物理方法主要为人工拔除杂草，只有几处防虫网的设置，无其他防治措施。

2）农药废弃物处置

农民在使用完农药后随便丢弃农药包装袋的问题应引起有关部门高度重视，如果不解决这个问题，其遗留后果的危害性很大。农药一般为有毒有害的化学品，随着科普知识的传播以及农药使用的逐步规范，农民在农药施用过程中一般都加强了自我防范，但是对农药包装袋或者剩余农药的安全处置却没有引起足够的重视。这些包装袋内一般都残留有农药，它们或被日复一日地埋在土壤里造成土壤污染，或被水渠里的水多次冲刷造成水源污染。

通过走访调查，发现 90%以上的农户知道农药包装袋随意丢弃是不对或者是对环境有害的，但是除了随便丢弃外没有什么更好的办法。因此，建议国家有关部门尽快制定关于农药包装袋使用后如何处理的办法，以尽快解决这类污染问题。在没有统一的解决办法之前，农药生产部门应当在农药使用说明中特别注明随便丢弃农药包装袋的危害性和初步的解决办法，首先告诫农药使用者不要随意丢弃农药包装袋；其次让农民知道如何把使用后的包装袋的危害性降到最低；最后就是建立统一回收农民使用过的农药包装袋制度，从而彻底解决随便丢弃农药包装袋的问题。

3）违禁农药的使用

东苕溪流域当地较好的推广使用高效低毒的农药，若能确保效果，90%的农户愿意使用高效低毒农药。国家有关部门在 2006 年发布公告明确要求 2007 年 1 月 1 日起全面禁止在国内销售和使用甲胺磷等 5 种高度有机磷农药。但 2008 年调查发现，在余杭不少农民仍偷用甲胺磷、对硫磷等农药。稻区使用拟除虫菊酯类农药还有一定比例。这也应该引起有关部门的注意，加强对农药的监控，以及做好进一步宣传工作。

4）缺乏科学有效的技术指导

农民不能及时得到病虫防治信息，也没有经过安全用药培训，防治时机掌握不准，选用农药品种比较单一，其防治习惯多年不变，对新品种和新技术持观望态度造成病虫害耐药性的产生。许多农药新技术、新成果、新产品宣传不到位，难以及时应用到生产实践中。

5）盲目、滥用农药现象严峻

农民进行病虫害防治时主要以化学防治为主，缺乏综合防治手段。由于多种农作物病虫害抗药性的增强，农民在施药过程当中往往是几种农药不合理的混配随意使用，并加大用药量、加大喷液量、增加施药次数、缩短施药间隔期、滥用高毒和高残留农药等，这不仅浪费严重，成本提高，而且加重了环境污染和农药残留，甚至产生药害或中毒事故，同时造成了病虫害抗性的提高，导致一种恶性循环。

2.3 本 章 小 结

（1）东苕溪流域农业种植以水稻、竹林、蔬菜为主。2007年余杭、湖州和临安单位农药施用量分别达到40.6 kg/hm²、53.4 kg/hm²和63.8 kg/hm²，分别比2000年增加了8.3%、29.6%和55.6%。3地农药使用量都呈逐年增加的趋势，明显高于浙江省平均水平。

（2）主要农药品种包括除草剂、杀虫剂、杀菌剂，其中草甘膦、毒死蜱、井冈霉素分别是三大类农药中施用量最大的品种。

（3）水稻种植过程中具有排水换水、用药频繁等特性，导致其对水体的农药污染具有很大的潜在危害性，东苕溪流域水环境风险十分突出。

（4）农民用药过程存在随意丢弃农药废弃物、使用违禁农药、盲目滥用农药、缺乏农药使用指导等问题。

本章主要参考文献

葛天安, 童颖国, 叶梅蓉. 2004. 化肥农药面源污染调查分析与防治对策[J]. 全国农业面源污染与综合防治学术研讨会论文集, 158-160.

虎陈霞, 周立军, 黄祖庆, 等. 2011. 苕溪流域农业面源污染的综合评价[J]. 浙江农业学报, 23（6）: 1199-1202.

鲁柏祥, 蒋文华, 史清华. 2000. 浙江农户农药使用效率的调查与分析[J]. 中国农村观察, 5, 62-69.

李荣刚, 夏源陵, 吴安之. 2000. 江苏太湖地区水污染物及其向水体的排放量[J]. 湖泊科学, 12（2）: 147-153.

邱钰棋, 付永胜, 朱杰, 等. 2006. 农业面源污染现状及其对策措施[J]. 新疆环境保护, 28（4）: 32-35.

王晓燕. 2003. 非点源污染及其管理[M]. 北京: 海洋出版社.

夏凡, 胡雄星, 韩中豪, 等. 2006. 黄浦江表层水体中有机氯农药的分布特征[J]. 环境科学研究, 19（2）: 11-15.

张大第, 张晓红, 章家骐, 等. 1997. 上海市郊区非点源污染综合调查评价[J]. 上海农业学报, 1, 31-36.

朱有为, 徐向阳, 段丽丽, 等. 1998. 浙江省农业环境可持续发展面临的问题与对策[C]. 北京: 中国环境科学出版社, 606-610.

第3章 东苕溪流域农药面源污染特征

东苕溪流域的农业产业结构以种植业、畜禽、水产养殖业为主。2006年，东苕溪流域单位面积农药施用量达到53.52 kg/hm²，是浙江省平均水平的1.4倍以上，由于该地区地表水已发现的有机农药污染不能被常规饮用水处理工艺有效地去除，因此，东苕溪污染水源作为饮用水水源时可能会对当地居民的健康产生威胁。东苕溪流域农药残留品种包括历史使用品种如六六六、滴滴涕等有机氯农药，也有毒死蜱、甲萘威等现在使用的农药品种。正确掌握这些农药品种对水源地污染的规律与特征，是进行水源地保护，减少对当地居民健康产生威胁的首要问题。

为掌握东苕溪流域的农药污染特征，本书采用现场采样和实验室分析，对东苕溪流域干、支流的水样以及底泥沉积物进行采样分析，以研究农药在不同区段、不同耕作期（施药期和农闲期）和不同季节（丰水期、平水期和枯水期）水体及底泥沉积物中的含量、组成及时空变化特征；并根据农药的残留的特征以及各类农药的组成分布特征，解析水体及沉积物中各农药的来源；探讨影响水体及沉积物中农药残留分布的各类因素；最后通过对比相关水质基准及健康标准，对其进行风险评价。

3.1 样品采集及分析方法

3.1.1 调查区域基本情况

东苕溪东以西险大塘导流港东堤与杭嘉湖平原为界，西与安徽省接壤，南依钱塘江流域，北靠长兴平原。域内主要山脉为天目山，地势自西南向东和东北逐步递减和倾斜，高度从1 500 m依次递减至3~5 m，山脉走向为东北-西南，主峰龙王山海拔1 587.4 m，马峰庵至市岭，海拔一般在1 000 m以上，支脉山岭高程在200~500 m，全流域山丘面积近88%，平原约12%左右。上游为剥蚀低山丘陵区，山势相对峻峭；中下游为剥蚀-堆积丘陵平原，地面高程2~6 m。东西苕溪均属山溪性河流，上游源短流急，森林覆盖率超过90%。流域地处中热带季风区北缘和北亚热带季风区南缘，气候温和湿润，水热同步，雨量充沛，四季分明，降水量等值线与山脉走向和地形等高线走向基本一致，并自东向西南随地势升高而递增，多年平均降雨量1 460 mm，年均气温15.5~15.8℃，极端最低气温−11.1~−17.4℃；极端最高气温39~41.2℃；平均相对湿度81%左右。每年5月中旬至7月上中旬为梅雨汛期，降水量450~510 mm；8月至9月为台风汛期，降水量在190~380 mm，最大24 h降雨量681.2 mm，汛期降雨量占年降水量75%左右，东西苕溪大暴雨基本上同步出现，降水量也较为接近。流域内有省级经济技术开发区7个，经济相对发达。2001年流域总人口约123万人，国内生产总值约250亿元，有耕地77.8万亩（水田70.8万亩）。

3.1.2 采样区域与时间

根据资料分析与现场初步调查结果，本书确定样点布局与采样监测单元。在充分考虑流域农作物情况及流域特点的基础上，在东苕溪流域共设置了 7 个检测断面，11 个监测点，其中包括种植区、湖泊、苕溪干流及支流、入湖口等。采样点包括示范区稻田、河流断面、湖泊及入湖口等。每个采样点根据采样点情况，采集水样、底泥样品等。

所有监测点均为周年监测，采样日期同时考虑水文变化及农作物耕种情况，涵盖流域水文的丰水期、平水期和枯水期以及耕作的农药施用的高峰期、低谷期，在每个季节对上述监测点进行采样监测。于 2008 年 9 月中旬、2009 年 3 月下旬、2009 年 7 月下旬、2009 年 10 月中旬、2010 年 5 月中旬及 2010 年 10 月中旬进行 6 次采样分析，采样时间充分考虑了苕溪流域的农作情况特征及气候特征。表 3-1 列出了具体采样时间及所采样品量。

表 3-1 东苕溪流域农药污染调查采样情况

采样时间	样品量/个	
	地表水	底泥
2008 年 9 月中旬	45	37
2009 年 3 月下旬	60	22
2009 年 7 月下旬	66	-
2009 年 10 月中旬	33	24
2010 年 5 月中旬	36	12
2010 年 10 月中旬	24	12

3.1.3 样品采集与保存

1）水样采集与保存

对于地表水水样，于自然水流状态下采集，不扰动水流与底部沉积物，以保证样品的代表性。采集混合水样 1 000 mL，田间水为小范围、多点取样，充分混匀后留取 1 000 mL。浅层水样如田间水、沟渠水等直接用容器采集，或者用不锈钢长把勺采集；深层水用特制的深层采样器采集。

采集的样品保存在预先用洗涤剂清洗、Milli Q 水以及甲醇冲洗过的 1 000 mL 干净的硬质、棕色玻璃瓶（配聚四氟乙烯垫片及螺盖）中，采样完成后立即送回实验室低温保存，并于 24 h 内进行处理。

2）底泥沉积物采集与保存

底泥沉积物采样断面的设置跟水质采样断面相同，其位置尽可能与水质采样断面重合，而且底泥沉积物采样点与水质采样点位于同一垂线上。采集底泥采用底泥采样器，除去其中的石块、枝条、河蚌等杂物,取底泥样品约 500 g。样品采集后,密封于聚四氟乙烯的采样袋中,及时带回实验室于−21℃冷冻冰箱中保存。在分析前,使用冻干机进行干燥。

3.1.4 样品分析与质量控制

根据当地农药使用现状及使用历史,本书总共选定包括有机氯、有机磷、菊酯类、氨基甲酸酯类等 37 种农药作为监测对象,包括杀虫剂、杀菌剂和除草剂等常用农药品种。

水样利用固相萃取小柱进行萃取,有机溶剂洗脱,定容。气相色谱、液相色谱、液相色谱/质谱/质谱测定。土壤底泥样品冷冻干燥后,利用 ASE 进行萃取,并浓缩,定容。气相色谱、液相色谱测定。37 种农药在水中和底泥沉积物中的加标回收率分别为 62%~111% 和 60.9%~114.1%,相对标准偏差分别为 0.5%~8.1% 和 1.1%~6.8%;测定结果均可以满足农药多残留定量分析的要求。

3.2 东苕溪流域农药面源污染特征及溯源分析

3.2.1 东苕溪流域地表水农药残留特征

2008 年 9 月~2010 年 10 月间,对东苕溪流域设置的各个断面进行了 6 次地表水样品采集,并对水体中的 37 种农药及其代谢物进行了检测。在总共所采集的 264 个地表水样品中,均至少有一种农药或降解产物检出。具体结果见表 3-2 以及图 3-1~图 3-3,图和表的结果表明农药残留在地表水环境系统中的现象普遍存在。

从表 3-2 和图 3-1 中可以比较 37 种农药的检出率情况。历史使用的有机氯农药,虽然已经禁用多年,但其检出率仍然很高,检出率为 5.1%~48.7%;目前施用较多的甲萘威、毒死蜱等杀虫剂的检出率也很高,检出率已经超过 50%;而对于相对降解较快的有机磷农药,如丙溴磷、乐果等,残留检出率相对较低,一般都在 10% 以下。这表明农药残留

表 3-2 东苕溪流域农药地表水水样中残留特征

农药名称	浓度范围/(ng/L)	检出率/%	平均浓度/(ng/L)	农药名称	浓度范围/(ng/L)	检出率/%	平均浓度/(ng/L)
α-六六六	0~7.1	5.1	0.2	三氟氯氰菊酯	0~94.8	37.3	6.6
六氯苯	0~6.3	5.1	0.2	氯氰菊酯	0~112.7	22.2	5.1
β-六六六	0~22.7	24.7	6.3	苯醚甲环唑	0~258.6	3.8	6.2
γ-六六六	0~6.0	11.4	0.4	溴氰菊酯	0~56.9	15.8	2.6
δ-六六六	0~25.6	14.6	1.2	敌敌畏	0~129.3	3.3	2.8
4,4-DDE	0~67.3	48.7	4.5	乐果	0~1 354.1	3.9	11.5
4,4-滴滴滴	0~567.0	36.1	32.7	马拉硫磷	0~134.1	1.3	0.9
2,4-滴滴涕	0~134.2	43.1	11.0	对硫磷	0~148.1	3.2	2.8
4,4-滴滴涕	0~108.0	46.2	11.7	丙溴磷	0	0.0	0.0
七氯	0~47.6	32.3	5.9	三唑磷	0~920.1	10.9	2.0

续表

农药名称	浓度范围 /(ng/L)	检出率/%	平均浓度 /(ng/L)	农药名称	浓度范围 /(ng/L)	检出率/%	平均浓度 /(ng/L)
α-硫丹	0~176.1	48.7	23.0	氟乐灵	0~2 240.1	12.0	146.8
β-硫丹	0~1 026.9	46.2	22.9	阿维菌素	0~2 641.5	24.7	51.4
环氧七氯	0~166.3	21.5	4.8	氟铃脲	0~1 283.0	32.3	184.8
乙草胺	0~148.6	13.3	6.5	百菌清	0~235.6	49.4	85.7
毒死蜱	0~102.2	50.2	10.7	甲萘威	0~5 643.5	72.8	224.8
氟虫腈	0~73.2	16.5	2.5	吡蚜酮	0~6.9	49.4	1.0
氟甲腈	0~55.0	53.8	4.0	吡虫啉	0~711.4	42.4	7.5
氟虫腈硫醚	0~167.8	32.9	6.2	二嗪农	0~9.5	62.2	0.6
氟虫腈砜	0~146.9	20.9	4.7				

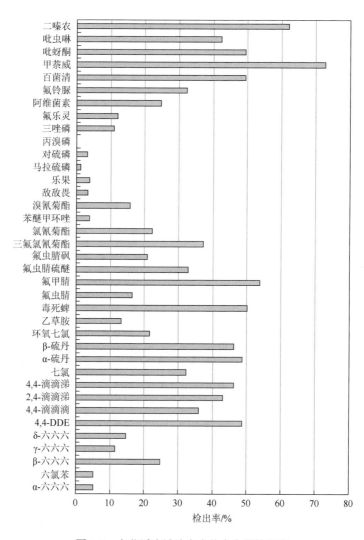

图 3-1 东苕溪流域地表水体中农药检出率

在地表水环境系统中的现象普遍存在,而正在施用的农药和POPs类农药是主要检出品种。图 3-2 反映了地表水体中 37 种农药的检出浓度水平,检出率较高的甲萘威、氟乐灵、氟铃脲仍有较高的检出浓度,如甲萘威最高浓度超过 5.6 μg/L;而有机氯农药虽然检出率较高,但检出浓度不高,基本小于 0.1 μg/L(表 3.2)。由此可以看出,造成污染的主要农药品种是当今大量使用的品种,水体中的主要污染来源是农田施用。

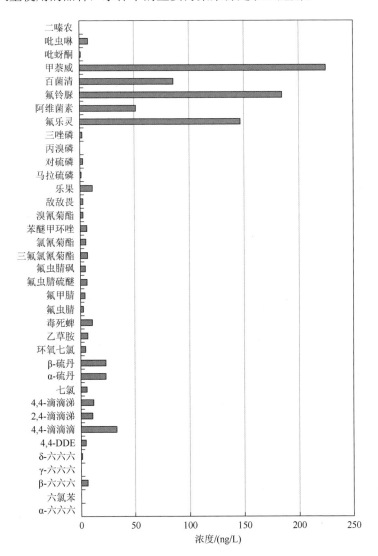

图 3-2　东苕溪流域地表水体中农药平均检出浓度

3.2.2　东苕溪流域底泥农药残留特征

对底泥沉积物中的 37 种农药及其代谢物进行了检测。在总共所采集的 107 个底泥沉积物样品中,均至少有一种农药或降解产物检出。具体结果见表 3-3 以及图 3-4、图 3-5 和图 3-6,图和表的结果表明底泥沉积物中农药残留有很高的检出。

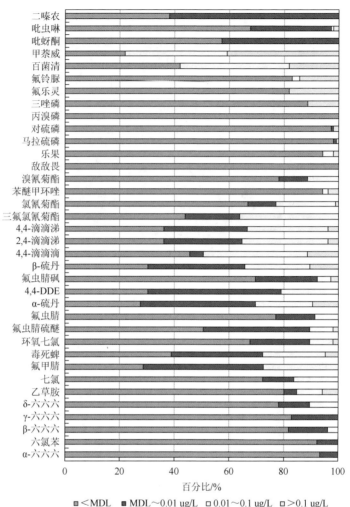

图 3-3　东苕溪流域地表水体中各农药检出浓度分布

同地表水体中检出结果类似，从 37 种农药的检出率情况可以看出，历史使用的有机氯农药，虽然已经禁用多年，但其检出率仍然很高，检出率在 3.5%～64.4%，其中检出率最高的为 4,4-滴滴涕及其代谢产物 4,4-DDE 和 4,4-滴滴滴，六氯苯也有较高的检出率，超过 50%；而曾经大量使用的六六六系列，检出率较低，其中最高的为 β-六六六，为 15.3%。在水体中检出率较高的，目前施用较多的甲萘威等新农药的检出率也很高，检出率已经超过 50%；而对于相对降解较快的有机磷农药，如丙溴磷、乐果等，残留检出率相对较低，一般都在 10% 以下。

表 3-3 反映了 37 种农药的检出浓度水平，检出浓度较高的是甲萘威、氟乐灵、氟铃脲，如氟乐灵最高浓度达到 466.19 μg/kg，平均浓度也达到了 85.04 μg/kg，同水体检出结果相似；而有机氯农药虽然检出率较高，但检出浓度不高，平均检出浓度基本小于 10 μg/kg。由此可以看出，历史施用品种有机氯由于具有持久性，依然在底泥沉积物环境中有较高的残留率，但经过近 30 年的降解，浓度已经很低，目前大量使用的新品农药是残留的主要品种。

表 3-3　东苕溪流域沉积物农药残留特征

农药名称	检出率/%	浓度范围/(μg/kg)	平均浓度/(μg/kg)
α-六六六	3.5	0~0.35	0.05
β-六六六	15.3	0~1.66	0.69
γ-六六六	9.1	0~1.63	0.43
δ-六六六	13.6	0~0.6	0.05
六氯苯	57.6	0~9.66	0.09
七氯	0.0	0~0.63	0.36
4,4-滴滴滴	55.9	0~10.23	1.27
2,4-滴滴涕	11.9	0~1.19	0.05
4,4-滴滴涕	45.8	0~100.2	7.96
4,4-DDE	64.4	0~14.64	2.67
环氧七氯	0.0	0~0.23	0.00
α-硫丹	18.6	0~173.53	7.48
β-硫丹	28.8	0~36.83	1.77
毒死蜱	45.8	0~52.83	3.58
氟虫腈	11.9	0~1.08	0.05
氟甲腈	45.8	0~2.63	0.54
氟虫腈硫醚	22.0	0~3.58	0.17
氟虫腈砜	33.9	0~18.91	1.69
敌敌畏	0.0	0	0.00
乐果	61.0	0~84.76	1.54
马拉硫磷	10.2	0~8.18	0.13
对硫磷	8.5	0~99.26	5.69
丙溴磷	5.1	0	0.00
三唑磷	72.9	0~31.46	2.62
三氟氯氰菊酯	33.9	0~14.14	1.42
氯氰菊酯	1.7	0~3.38	0.05
溴氰菊酯	0.0	0	0.00
乙草胺	0.0	0~3.00	0.66
氟乐灵	55.9	0~466.19	85.04
氟铃脲	55.9	0~438.15	65.77

农药名称	检出率/%	浓度范围/(μg/kg)	平均浓度/(μg/kg)
百菌清	55.5	0~98.04	22.43
甲萘威	54.4	0~133.48	28.48
吡蚜酮	54.8	0~43.17	8.23
吡虫啉	54.0	0~16.85	1.49
二嗪农	54.4	0~36.58	1.42
苯醚甲环唑	0.0	0	0.00
阿维菌素	12.3	0~8.23	1.05

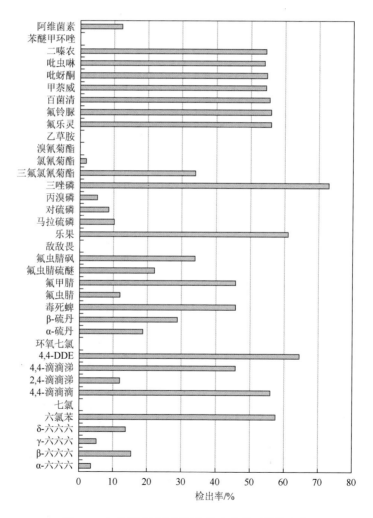

图 3-4　东苕溪流域底泥沉积物中农药平均检出率

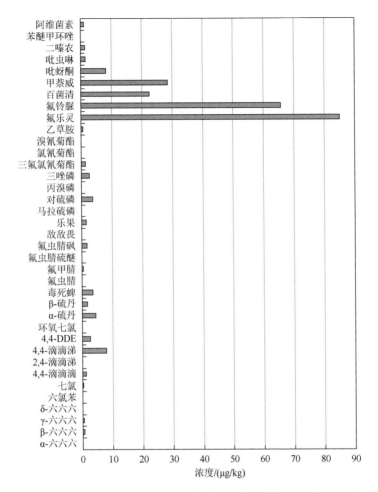

图 3-5　东苕溪流域底泥沉积物中农药平均检出浓度

3.2.3　东苕溪流域农药残留时空分布特征

农药在流域系统中的残留水平取决于两方面因素，一是进入流域系统的量，二是农药在环境中的消解速率。进入流域系统的量和农作耕种情况相关，而农药通过施用而进入农田系统后，然后通过地表径流或挥发、或沉降或吸附/解析等途径进入水体，农药进入水体后，它的分布和归趋受到很多因素的影响，但主要可分为两方面因素，一是农药自身的物理化学性质；二是外部的环境因素。农药自身的水溶解度、辛醇/水分配系数、挥发性以及半衰期等都会影响其在水体中的分布及消解水平。影响流域系统中农药分布的环境因素包括河流的气象、水文、悬浮颗粒物、底泥沉积物的有机质含量等。

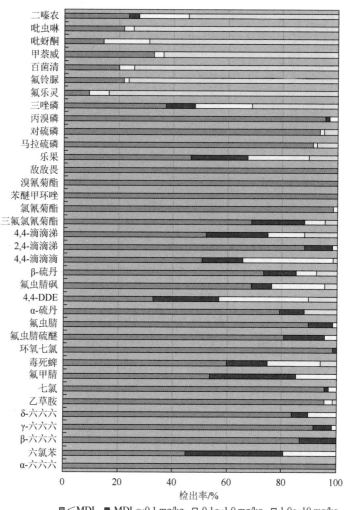

图 3-6 东苕溪流域底泥沉积物各农药检出浓度分布

本书测定了不同流域不同断面、不同季节及不同水文条件下，地表水体及底泥沉积物中农药的残留情况，分析了流域中农药残留的时空特征。

表 3-4 及图 3-7 为不同采样点水体中农药的残留水平，通过对比不同采样点的分析结果，可以看出，在农药使用的初始点，也就是种植区（张堰、西安寺），农药残留水平较高，检出浓度范围为 0.04～21.33 μg/L，平均残留浓度在 5.0 μg/L 左右。而在流域的下游，特别是太湖入湖口，浓度逐渐降低。在入湖口附近已经降低至不足 1.0 μg/L。

在张堰、西安寺地区，是水稻种植区，也是示范区，水样采自田间水和沟渠水，施用的农药残留其中，而且降解、吸附等较少，所以残留浓度较高。残留水体中的农药，在河流传输过程中，通过吸附、光解、水解及生物降解等途径而消解，因此随着河流向入湖口的移动，其中的农药含量逐渐降低。

表 3-4　东苕溪流域地表水水样农药残留浓度

采样点	采样点情况	浓度范围/(μg/L)	平均浓度/(μg/L)
张堰	种植区	0.09～21.33	5.28
西安寺	种植区	0.04～14.50	4.35
青山湖	湖泊、饮用水源地	0.04～2.37	1.07
南苕溪	支流、饮用水源地	0.20～3.18	1.53
北苕溪	东苕溪支流	0.05～1.66	0.26
湘溪	东苕溪干流	0.27～4.66	1.29
下渚湖	湖泊湿地	0.03～3.46	1.34
东苕溪	东苕溪干流	0.05～3.33	0.70
下沈塘	东苕溪干流	0.10～2.92	0.72
埭溪	东苕溪干流	0.31～2.73	0.50
西苕溪	东苕溪支流	0.08～5.36	0.62
入湖口	东苕溪干流	0.03～4.40	0.57

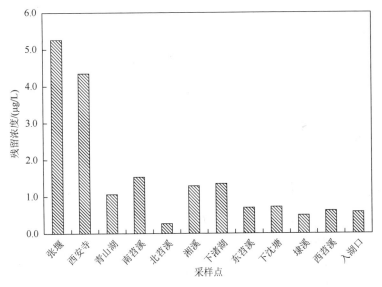

图 3-7　东苕溪流域地表水水体农药残留浓度空间变化

表 3-5 及图 3-8 为农药在不同采样点沉积物中的残留水平。沉积物中农药残留来源主要为水体中的农药吸附沉降而来，它们的消解途径主要为解吸到水体及沉积物、微生物降解及水解等，相比水体，它们受水文条件及环境条件影响相对较小。

通过对比不同采样点的分析结果，可以看出，在农药使用的初始点，也就是种植区（张堰、西安寺），沉积物农药残留水平较高，总农药残留浓度为 15.4～1 614.5 μg/kg，平均残留浓度在 200 μg/kg 左右。而在流域的下游地区，底泥沉积物中的农药残留浓度变化不大，但总体水平比之种植区附近有较大降低。在入湖口附近已经降低至 5.2 μg/kg。

在张堰、西安寺地区的沉积物样品采自沟渠及田边河流,施用的农药随地表径流进入沟渠和田边河流,因吸附及随悬浮物沉降而富集在沉积物中,因此残留浓度较高。而在流域下流,沉积物中的农药主要来源于地表径流中残留农药,前文可知在河流传输过程中,水体中农药残留通过吸附、光解、水解及生物降解等途径而消解,因此随着河流向入湖口的移动,其中的农药含量逐渐降低,从而沉积物中的残留浓度也相比种植区,有很大程度的降低。

表 3-5　东苕溪流域底泥样品农药残留浓度

采样点	采样点情况	浓度范围/(μg/kg)	平均浓度/(μg/kg)
张堰	种植区	15.4~1 566.8	229.8
西安寺	种植区	17.9~1 614.5	186.7
青山湖	湖泊、饮用水源地	2.3~67.6	8.5
南苕溪	支流、饮用水源地	5.4~56.7	28.9
北苕溪	东苕溪支流	2.1~67.3	10.5
湘溪	东苕溪干流	2.7~66.8	18.9
下渚湖	湖泊湿地	1.3~34.6	8.6
东苕溪	东苕溪干流	1.5~22.4	7.2
下沈塘	东苕溪干流	1.2~9.2	3.8
埭溪	东苕溪干流	1.4~37.2	7.6
西苕溪	东苕溪支流	3.4~33.5	6.5
入湖口	东苕溪干流	3.7~15.2	5.2

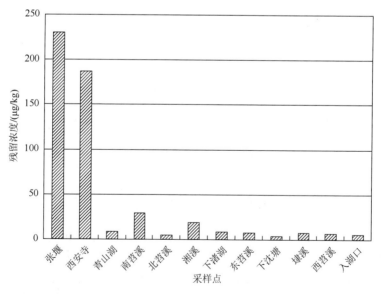

图 3-8　东苕溪流域底泥沉积物中农药残留浓度空间变化

影响农药在环境水体中的残留因素,除了农药本身特性外,农药施用情况、气候、水文条件都起着重要作用。2009 年夏季,东苕溪流域遭遇了大降雨,其对水体中农药残留必定产生一定影响。在降水期和降水期过后的两月，在流域进行了采样分析，探讨其中的农药在流域环境中的残留情况（图 3-9）。

在降雨期间，由于雨水的冲刷，流域水体中的农药残留浓度比之其他几次采样大大降低，大概是同期水平的 10%左右。而在 2009 年 10 月的采样分析结果中分析可得，农药残留浓度比之 2008 年同期水平降低了 1/3 左右。残留浓度从上游的种植区到下游的入湖口，呈逐步递减的趋势。

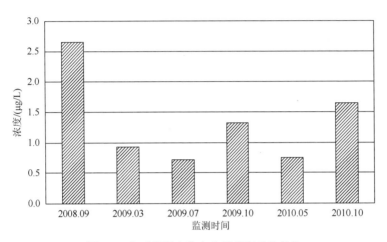

图 3-9　各采样期水体中农药残留季节变化

影响农药在流域底泥沉积物中的残留因素，除了农药本身特性外，与水体中的农药残留状况息息相关，水体中的农药残留水平直接影响到底泥沉积物中的残留水平，图 3-10 反映了流域底泥中农药残留的季节变化。

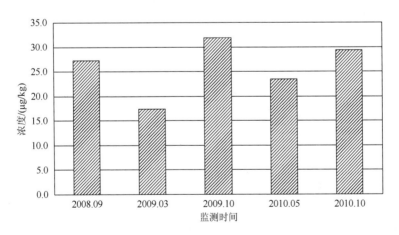

图 3-10　东苕溪流域底泥中农药残留浓度季节变化

3.2.4　东苕溪流域农药溯源分析

在为期两年的采样期内，所选定的采样点均有一定浓度的农药残留检出，具体的时空变化趋势如图 3-11、图 3-12 所示。由图中可以看出，流域水体及底泥中的残留情况具有很强的地域特征及季节特征。

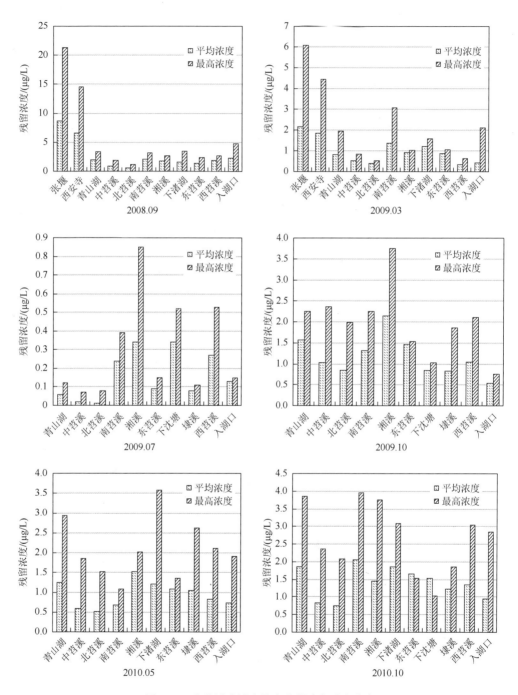

图 3-11　东苕溪流域水体中农药残留时空分布

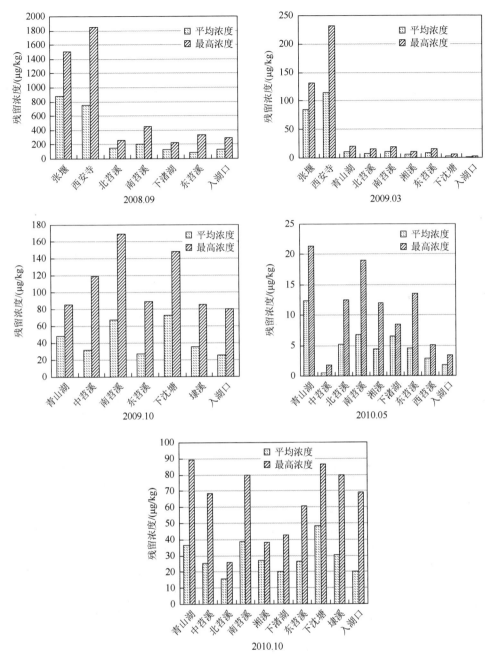

图 3-12　东苕溪流域底泥沉积物中农药残留时空分布

对比分析各采样时间农药水体残留水平可以看出,在种植区及其邻近的采样点中,水体中具有较高的残留水平。其平均浓度范围为 1.85～8.63 μg/L,最高浓度水体中可到 22.7 μg/L。残留浓度相对较低的地区为中苕溪和北苕溪采样点,这两点为东苕溪的支流,该支流上游地区为山区,农田种植区特别是稻田较少,因而农药施用量比青山湖、南苕溪等地区要少很多,因此,在该地的农药残留较小,其水体中农药残留浓度范围为 0.02～1.02 μg/L，最高为 2.36 μg/L。而苕溪下游至入湖口地区，随着远离种植集中区，水体中农药残留浓度基本呈现降低趋势。这是由于水体中农药随着流域水体迁移，一部分由于水解、光解及生物降解作用等而消解，一部分由于吸附、沉降作用而被吸附于底泥中。

底泥沉积物中农药残留浓度在种植区有很高的残留，平均残留浓度范围为 84.5～881.6 μg/kg，最高可达 1 854.7 μg/kg。远离种植区后快速降低，一般浓度范围为 0.58～206.5 μg/kg，在中下游地区没有太大的降低。这主要是因为沉积物中农药残留的主要贡献者为现施用农药，其次是历史施用而残留的有机氯农药。特别是在农药施用期，现施用农药具有较高的残留比重，但这些农药残留量高，相比吸附性较弱，同时降解性也快。因此，在离开施用地区后，较难在底泥中残留，所以远离施用区后迅速降低。除去施用农药外，历史残留农药，大多为具有 POPs 特性的有机氯农药，其在底泥沉积物中比较稳定，难降解，同时也很难被解析溶于水体中，因此它们的浓度相对比较稳定。在远离种植区的流域，历史残留农药成为残留的主要贡献者，因此变化相对较小。

影响流域中农药残留的季节性因素包括两个方面，一是人文因素，二是水文气象因素。人文因素主要是人们的耕作情况，导致了农药施用的季节性变化，在东苕溪流域，施药时间一般为 6 月到 9 月，这段时间为施药高峰期。水文气象主要是指降水影响，它影响了农药在环境中迁移能力以及稀释能力。东苕溪流域每年 5 月中旬至 7 月上中旬为梅汛期，降水量为 450～510 mm；8 月到 9 月为台汛期，降水量为 190～380 mm。汛期降水量占全年降水量的 75%左右。汛期和施药期基本一致，因此，该年的降水量直接影响到农药在流域环境中的残留水平。

在 6 次采样周期中，2008.09、2009.10 及 2010.10 这 3 次采样可以认为是施药高峰后的采样，而 2009.03、2009.07 及 2010.05 这 3 次可以认为是施药期前，也就是施药影响最小的时间。对比图 3-11、图 3-12 这 2 组的水体及底泥残留数据，可以看出差距很大。在施药高峰期，特别是 2008.09 这个时间的采样，种植区中水体中残留平均浓度是 8.63 μg/L 左右，而在 2009.03 时，已经降到 1.83 μg/L 左右，只有施药期的 1/5；在中下游地区，残留浓度从 0.85～2.6 μg/L 降低到 0.35～1.38 μg/L，降低了近一半左右。同时，对比底泥沉积物中数据可以看出，在施药高峰期，特别是 2008.09 这个时间的采样，种植区中底泥沉积物中残留平均浓度在 800 μg/kg 左右，而在 2009.03 时，已经降到 100 μg/kg 左右，只有施药期的 1/8；在中下游区，残留浓度从 85～206 μg/kg 降低到 1.4～11.2 μg/kg，只有施药期的 1/10～1/20。

可以看出，现施用农药是对流域水体环境造成污染的主要因素，但在其流域中，特别是在种植区中，消解较快，水体中半年时间已可降至 10%左右，底泥沉积物中可以降至 5%～10%。

2009 年夏季，苕溪流域汛期遭受"莫拉克"等 2 个台风和 5 次暴雨洪水的影响，鳌江、苕溪等流域的支流发生较大洪水。2009.07 这次采集的样品，对比其他采样期的分析结果，可以看出，其地表水体中的残留农药远低于其他时期的残留结果。主要是由于当地刚刚进入施药期，农药施用产生的影响还不大，此时大量的雨水及洪水进入，对苕溪流域的水体有很强的稀释作用，因此其浓度大大降低。除去这次极端天气影响，相对其他时间的汛期监测结果，在中下游地区，汛期在水体中的残留水平均高于非汛期，这是由于地表径流作用，雨水把种植施药区的农药带到了流域中。

3.2.5　东苕溪流域主要农药品种污染特征

3.2.5.1　有机氯农药

已经禁用多年的有机氯杀虫剂，如 β-六六六、七氯、滴滴涕等仍有较高的检出率，但浓度比较低。这应该是由于其在环境中降解较慢，在环境中具有一定持久性，虽然多年未用，但仍有检出。检出率及检出浓度较高的主要为滴滴涕系列及 β-六六六，其浓度最高为 0.09 μg/L，检出率最高超过 80%（图 3-13）。

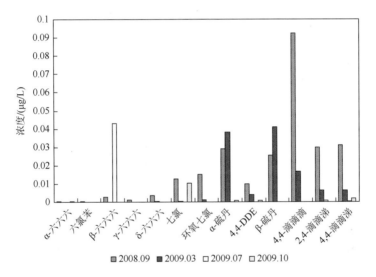

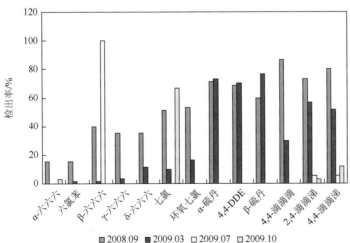

图 3-13　东苕溪流域水体有机氯农药残留季节变化

对比各采样时期的结果可以看出，前两次的检出率和检出浓度差距不大，可以认为在平稳的环境下，有机氯农药在水体中的水平比较稳定。2009 年夏季，苕溪流域普降暴雨，苕溪干支流水位陡增。在此影响下，2009.07 的采样普遍检出较低，2009.10 的采样有所回升，但远低于 2008 年同期水平。

3.2.5.2　有机磷农药

流域内曾大量使用的有机磷杀虫剂的检出率较低，并且浓度不高，主要是由于其比较容易在环境中降解，而近年由于替代品种的推广，施用的量已经大大降低，因而在环境中的检出也较低。现在仍施用的三唑磷的检出率及检出浓度仍相对比较。乐果的检出率较高，但检出浓度很低（图 3-14）。

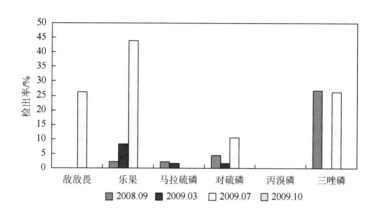

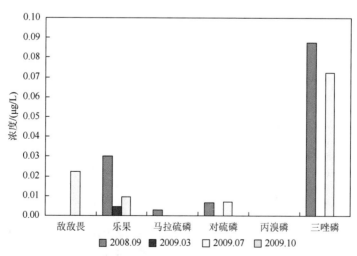

图 3-14　东苕溪流域水体有机磷农药残留季节变化

3.2.5.3　菊酯类和氨基甲酸酯类农药

菊酯类和氨基甲酸酯类的杀虫剂是近年的推广品种，施用量较大，因此在水体中也有较高的检出率及检出浓度（图 3-15）。虽然其降解较快，但短时间的影响也应该引起重视。

　　而吡虫啉等农药，现在施用也很多，而且不是很容易降解，因此在环境中具有很高的检出率，但检出浓度不是很高。

　　在检出农药中，氟乐灵有很高的检出率及检出浓度，应该引起重视。

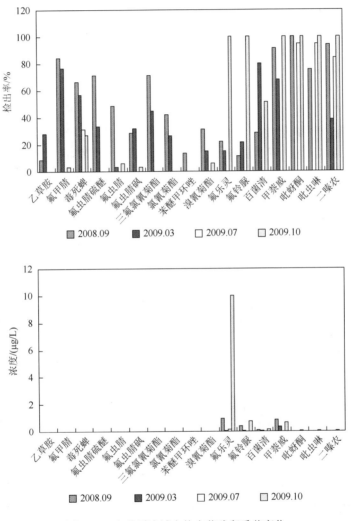

图 3-15　东苕溪流域水体农药残留季节变化

3.2.5.4　持久性农药

　　从地域残留规律以及季节变化规律可以看出，流域中主要残留农药为大量施用的农药品种，在流域中的残留与其施用情况密切相关。除此之外，曾经施用的农药，如六六六、滴滴涕，以及现在开始控制施用的农药，如林丹、硫丹等，在环境中仍有较高的检出率，虽然浓度很低，但大多为POPs农药，对人体健康具有一定的危害风险。它们的来源需要关注，我们对该类农药进行了组分分析，初步推断了其可能来源。

1）六六六

历史上六六六曾以两种方式被使用，一种是含有四种异构体的六六六混合物，含量分别为α-六六六（65%～70%）、β-六六六（5%～6%）、γ-六六六（12%～14%）、δ-六六六（6%）。另一种俗称林丹，γ-六六六含量达99%以上。有研究表明，β-六六六的抗生物降解能力最强，是环境中最稳定和最难降解的六六六异构体，其他异构体在环境中长期存在的情况下会转型成β-六六六以达到最稳定状态，六六六在环境中存在的越久，该化合物的比例就会越高。

从样品中 α-六六六/γ-六六六的比值可以推断六六六的来源。大气和水体中六六六的浓度以及 α-六六六/γ-六六六比值都存在一定的季节变化，这与六六六对温度敏感有很大的关系。环境中六六六残留的各异构体组成特征可以作为一种环境指示指标，其中 α-六六六/γ-六六六在指示六六六的环境地球化学行为方面有重要意义。一般来说，γ-六六六相对 α-六六六更容易降解，且在一定的条件下，γ-六六六可向 α-六六六发生异构转化。因此，在降解过程中，α-六六六/γ-六六六会越来越高。一般认为若样品中六六六的α/γ 比值为4～7，则源于工业品；若比值接近于1，则说明环境中有林丹（γ-六六六）的使用；若样品中比值随时间增大，则说明样品中六六六更可能来源于长距离的大气传输。从表 3-6 中 α-六六六/γ-六六六比值看，地表水体中其范围为0.39～2.34，平均值为1.22，底泥沉积物中其范围为0.12～1.08，平均值为0.39，这表明苕溪流域中六六六除主要来源于土壤中的农药残留之外，还有一部分可能来自林丹的使用。

表 3-6 不同采样时间东苕溪流域地表水和底泥样品 α-六六六/γ-六六六

采样时间	2008.09	2009.03	2009.07	2009.10	2010.05	2010.10	平均值
地表水	0.39	1.34	2.34	0.74	0.75	1.78	1.22
底泥	0.21	0.12	—	0	0.54	1.08	0.39

2）滴滴涕

滴滴涕与其代谢产物 DDE 和滴滴滴的相对浓度关系可以用来估计可能的污染源。滴滴涕在自然界中随环境的不同而降解为不同的产物。厌氧条件下，滴滴涕通过还原过程脱氯生成滴滴滴；在氧化条件下，滴滴涕主要降解为 DDE。若滴滴涕/(DDE + 滴滴滴)<1，说明污染物可能主要来自长期风化作用造成的环境中的残留；若滴滴涕/(DDE + 滴滴滴)>1，说明有新的滴滴涕农药的输入。苕溪流域水体 6 次采样中滴滴涕的组成特征如表 3-7 所示。从表中可以看出，在地表水体中，各采样时期表层水体中滴滴滴/DDE 的比值大于 1，表明河口水体中滴滴涕的降解产物以滴滴滴为主；滴滴涕/(DDE + 滴滴滴)小于 1，认为滴滴涕是来自于早期残留或者施用农药后的长期风化残留。在苕溪的底泥沉积物中，滴滴滴/DDE 的比值小于 1，表明河口水体中滴滴涕的降解产物以 DDE 为主；滴滴涕/(DDE + 滴滴滴)大于 1，说明滴滴涕在底泥系统中降解更慢或者有新的滴滴涕污染源进入。综合分析地表水和底泥数据，滴滴涕主要来源于环境中的长期风化残留，但不能排除有新滴滴涕物质进入，如三氯杀螨醇的施用。

表 3-7　不同采样时间东苕溪流域地表水和底泥样品滴滴涕组分分析值

	采样时间	2008.09	2009.03	2009.07	2009.10	2010.05	2010.10	平均值
地表水	滴滴滴/DDE	0.92	4.10	1.35	0.47	2.56	2.56	1.99
	滴滴涕/(滴滴滴 + DDE)	0.31	0.30	2.32	1.24	0.63	0.52	0.89
底泥	滴滴滴/DDE	0.68	0.56	—	0.34	0.73	0.66	0.59
	滴滴涕/(滴滴滴 + DDE)	1.03	0.91	—	3.21	0.78	1.34	1.45

3）硫丹

从组成来看,工业硫丹主要由 α-硫丹和 β-硫丹组成。α-硫丹/β-硫丹一般为 7/3。但是,β-硫丹比 α-硫丹稳定,因此在环境中,随着时间的延长,β-硫丹的含量会增高。在地表水体中,大部分时间点 β-硫丹的含量要高于 α-硫丹,说明苕溪流域中的硫丹主要来源于早期的农药残留(表 3-8)。

表 3-8　不同采样时间东苕溪流域地表水和底泥样品 α-硫丹/β-硫丹

采样时间	2008.09	2009.03	2009.10	2010.05	2010.10	平均值
地表水	1.14	0.93	0.73	0.95	0.78	0.91
底泥	4.46	0.30	0.20	0.64	0.86	1.29

3.2.6　东苕溪地表水农药污染风险评价

3.2.6.1　水生生物生态风险评价

地表水体是水生生物的栖息地,水体中的农药残留直接影响水体生态环境,美国环保局对于很多有毒有害化合物制定了水生生物基准(表 3-9),这对监测水平的评价提供了技术支持。参照该基准,部分检出农药超标率见表 3-10,从表中可以看以 γ-六六六为代表的已经禁用的有机氯在水体中的浓度较低,没有样品超过相关基准,可以认为对水生生物不会产生影响。而硫丹有一定的超标率,对鱼、无脊椎水生生物有一定的毒害作用。有机磷农药基本都没超过基准,只有马拉硫磷有大概 1%左右的超标率,对水生生物影响较小。现正在施用的农药,如毒死蜱、氟乐灵、菊酯类杀虫剂对水生生物影响相对较大。以氟乐灵为例,其对水生生物的慢性基准超标率超过了 20%。

表 3-9　美国环保局农药水生生物基准　　　　　　　(单位:μg/L)

名称	鱼		无脊椎动物		无维管束植物	维管束植物	水质水生生物标准	
	急性	慢性	急性	慢性	急性	急性	最高浓度	持续浓度
林丹	0.850	2.9	0.500	54	—	—	0.95	—
乙草胺	190	130	4 100	22.10	1.43	3.40	—	—

续表

名称	鱼		无脊椎动物		无维管束植物	维管束植物	水质水生生物标准	
	急性	慢性	急性	慢性	急性	急性	最高浓度	持续浓度
毒死蜱	0.9	0.57	0.05	0.04	140	—	0.083	0.041
硫丹	0.42	0.11	2.9	0.07	—		0.22	0.056
氯氰菊酯	0.195	0.14	0.21	0.069	—		—	—
乐果	3 100	430	21.5	0.5	84		—	—
马拉硫磷	0.295	0.014	0.005	0.000 026	2 040	24 065	—	—
对硫磷	7.05	2	0.465	0.2			—	—
氟乐灵	20.5	1.14	280	2.4	7.52	43.5	—	—
百菌清	5.25	3	1.8	0.6	6.8	630	—	—
吡虫啉	>41 500	1 200	35	1.05	>10 000	—	—	—
二嗪农	45	<0.55	0.105	0.17	3 700		0.17	0.17

表 3-10　东苕溪流域地表水农药超过水质基准值比例　　　（单位：%）

名称	鱼		无脊椎动物		无维管束植物	维管束植物	水质水生生物基准	
	急性	慢性	急性	慢性	急性	急性	最高浓度	持续浓度
林丹	0	0	0	0	—	—	0	—
乙草胺	0	0	0	0	0	0		
毒死蜱	1.2	4.3	4.2	4.9	0	—	1.4	4.9
硫丹	1.2	6.7	0	7.9	—	—	1.2	9.8
氯氰菊酯	0	0	0	1.2	—	—		
乐果	0	0	0	0.6	0	—		
马拉硫磷	0.6	1.2	1.2	1.2	0	0		
对硫磷	0	0	0	0	—	—		
氟乐灵	1.2	21.9	0	15.8	4.6	0		
百菌清	0	0	0	0	0	0		
吡虫啉	0	0	0	0	0	—		
二嗪农	0	0	0	0	0	—	0	0

3.2.6.2　人体健康风险评价

美国地质调查局（USGS）在实施国家水质评价计划（NAWQA）中，对于没有污染物最大浓度目标值（MCLs）的非常规农药，将其浓度与健康监测水平（health-based screening levels，HBSLs）比较得出评价基准。参考其标准，对所测定部分农药进行评价

（表 3-11）。从表中可以看出，已经禁用多年的六六六和滴滴涕的代谢产物，依然有一定量的超标率，对人体健康仍有一定的影响。

表 3-11　东苕溪流域农药超过水质健康基准的比率

名称	健康基准低限值/(μg/L)	超标率/%	健康基准高限值/(μg/L)	超标率/%
α-六六六	0.04	0.0	0.04	0.0
β-六六六	0.04	8.0	0.04	8.0
乙草胺	1	0.0	100	0.0
毒死蜱	2	0.0	2	0.0
α-硫丹	40	0.0	40	0.0
β-硫丹	40	0.0	40	0.0
4,4-滴滴滴	0.1	7.4	10	0.0
4,4-滴滴涕	0.1	2.5	10	0.0
三氟氯氰菊酯	40	0.0	40	0.0
氯氰菊酯	40	0.0	40	0.0
乐果	2	0.0	2	0.0
马拉硫磷	50	0.0	50	0.0
对硫磷	0.02	2.5	0.02	2.5
丙溴磷	0.4	0.0	0.4	0.0
氟乐灵	20	1.9	20	1.9
百菌清	5	0.0	500	0.0
吡虫啉	400	0.0	400	0.0
二嗪农	1	0.0	1	0.0

3.3　本 章 小 结

（1）农药残留在地表水及底泥沉积物系统中的现象普遍存在，贡献率最高的为目前大量使用的农药品种，如甲萘威、百菌清等，这些农药不仅有较高的检出率，且检出浓度也较高；禁用多年的有机氯农药检出率仍然很高，但浓度较低，水平在国内外相关文献对比中属于中等水平，主要残留品种为六六六、滴滴涕以及硫丹；污染来源除了历史残留外，林丹及三氯杀螨醇的使用有可能是其新来源；对于相对降解较快的有机磷农药，残留检出率相对较低，一般都在 10% 以下。

（2）流域水体及底泥沉积物中的农药的残留浓度具有很强的地域变化规律，农业种植区的排放是流域中农药残留的主要来源。每种农药在地表水中的分布都有它们特定的形式，这在很大程度上取决于该农药在特定作物上的使用及其在环境中的移动性和持久性。

总之，农药对地表水的污染程度主要通过土地利用方式、作物种类及相关化学农药使用的地理分布进行预测。其他因素对河流中农药检出浓度的影响并不大。随着远离种植区排放源，残留浓度逐步降低。

（3）在一年中的不同时间检测到的河流中农药浓度遵循明显的随季节变化而变化的规律，影响季节变化规律的主要因素包括农药用量、使用时间和影响农药向地表水迁移的水文因素。总体上来讲，东苕溪流域河流中检出的农药浓度变化趋势呈现为晚春到夏季最高，冬季及初春最低。在丰水期较低，枯水期相对较高。

（4）历史施用品种中的有机氯农药残留浓度较低，基本对水生生物没有产生影响；正在使用的毒死蜱等农药，有一定的比率超过相关水生生物基准，会对水生生物产生一定的影响。通过对农药残留浓度与健康基准比较可以看出，已经禁用多年的六六六和滴滴涕的代谢产物，依然有一定量的超标率，对人体健康仍有一定的影响。

本章主要参考文献

何光好. 2005. 我国农药污染的现状与对策[J]. 现代农业科技，6，57.

黄琼辉. 2006. 样品现代前处理技术在农药残留分析中的应用[J]. 农药科学与管理，27（5）：12-15.

李竺，陈玲，邰洪文，等. 2006. 固相萃取-高效液相色谱法测定环境水样中的三嗪类化合物[J]. 色谱，24（3）：267-270.

隋凯，李军，卫锋，等. 2006. 固相萃取-高效液相色谱法同时检测大米中 12 种磺酰脲类除草剂的残留[J]. 色谱，24（2）：152-156.

王璟琳，刘国宏，李善茂，等. 2005. 固相萃取技术及其应用[J]. 长治学院学报，22（5）：21-26.

朱华平，张超，王琨，等. 2009. 饮用水中 45 种农药残留检测方法的研究[J]. 食品研究与开发，30（3）：112-116.

Babic S，Asperger D，Mutavdzia D. 2006. Solid phase extraction and HPLC determination of veterinary pharmaceuticals in waste water[J]. Talanta，70（4）：732-738.

Diazcruz M S，Barcelo D. 2006. Highly selective sample preparation and gas chromatographic-mass spectrometric analysis of chlorpyrifos，diazinon and their major metabolites in sludge and sludge-fertilized agricultural soils.[J]. Journal of Chromatography，11（32）：21-27.

Rodrigues A M，Ferreira V，Cardoso V V. 2006. Determination of several pesticides in water by solid-phase extraction，liquid chromatography and electrospray tandem mass spectrometry[J]. Journal of Chromatogr A，23（11）：1-12.

Song S，Ma X，Li C. 2007. Multi-residue determination method of pesticides in leek by gel permeation chromatography and solid phase extraction followed by gas chromatography with mass spectrometric detector[J]. Food Control，18（5）：448-453.

第4章　东苕溪流域农药面源污染状况对比分析

　　我国是农药生产和使用大国，农药的环境问题异常突出，但目前我国的农药对地表水污染方面的研究工作尚未全面展开。因此，本章集中介绍了美国地表水农药污染水平的调查数据，并且讨论了农药浓度的季节性变化规律和评价方法。旨在为苕溪流域地表水的农药污染研究工作提供有益借鉴的同时，为实施有效的饮用水源地环境管理和污染防治提供科学依据。

　　美国地质调查局（United States Geological Survey，USGS）于 1991 年开始实施国家水质评价计划（National Water-quality Assessment Program，NAWQA）。该计划提供了一个有关河流、地下水、水生生态系统水质的长期的国家范围内的信息源，旨在在河流、地下水和水生态系统研究领域建立长期、持久且能对比的信息，以便更好地支持国家在水质管理方面的决策。所选择的检测物质主要包括农药、营养物、挥发性有机物和金属物质等。最终将 NAWQA 的所有研究结果进行综合分析，并对水质在区域或国家范围内如何变化及其变化原因做出解释。USGS 指出，NAWQA 对美国河流和地下水中农药品种与浓度进行了最全面的评估。NAWQA 执行者在 1992～2001 年对美国 50 个州的地表水及地下水中农药的污染状况进行了系统全面的调查。在此之后，针对前面的调查结果，USGS 分别于 2001 年、2004 年和 2007 年对农药重点污染区域开展了高密度检测。该项工作较为全面地反映了美国水体中农药的污染状况。

4.1　美国农药对地表水污染状况

4.1.1　美国农药的使用量及主要品种

　　1992～2001 年，NAWQA 执行者实施普查期间，美国常规农药使用量年均约 4.5 亿 kg。1964～2001 年，农业用途的农药使用量稳定增长，1964～1980 年从小于 1.81 亿 kg 增至大于 3.6 亿 kg，1980～2001 年基本维持在 3.2 亿～3.6 亿 kg。1980～2001 年，农业用途的除草剂和杀菌剂的使用量比以前略有降低，杀虫剂使用量降至原来的一半。1964～2001 年，非农业用途的农药使用量保持相对恒定，1964～1980 年基本维持在 1.1 亿～1.4 亿 kg，到 1998 年降至约 0.9 亿 kg，而 1998～2001 年又有所增加，其中主要的驱动因素是用于家庭或花园的除草剂、杀虫剂和杀菌剂使用量有所增长。

　　目前，在美国主要使用的农药品种可归为 4 类：有机磷类、三嗪类、酰胺类和氨基甲酸酯类。图 4-1 列出了美国主要使用的 25 种除草剂和 25 种杀虫剂及其用量。主要的除草剂品种包括莠去津、异丙甲草胺、2,4-D、草甘膦、乙草胺等，主要的杀虫剂品种包括毒死蜱、特丁磷、甲基对硫磷、马拉硫磷、西维因等。这些使用量较高的品种基本包含在上述4类中。NAWQA选择检测的农药品种包括最广泛使用的20种除草剂和16种杀虫剂，而杀菌剂和其他类型的农药很少分析。另外，在有机氯类农药被禁用之前，滴滴涕、狄氏剂、艾氏剂、七氯等曾在美国大量使用，并且造成水体环境的持久性污染。因此，NAWQA对32种有机氯农药及其降解产物在河底沉积物和鱼体组织中的含量进行了监测。部分使用较普遍的农药品种（如草甘膦、氟铝酸钠）由于受当时分析方法或预算的限制而未被选择。

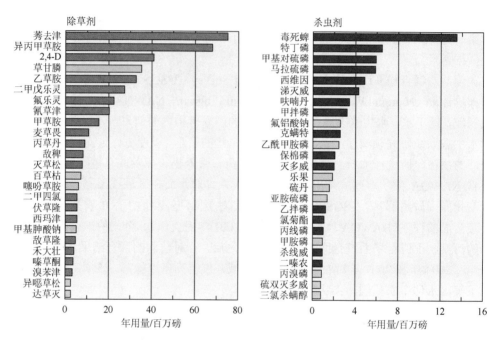

图4-1　美国主要使用的除草剂和杀虫剂品种及其用量

注：深色区域为NAWQA选择分析的品种，1997年估测结果

NAWQA在进行水样分析时共选择了75种农药和8种农药降解产物，这些品种使用量占美国农药使用总量的78%。调查结果显示了农药及其降解产物在大部分水系中的总体分布情况，但并不代表地表水中残留农药的准确浓度。

4.1.2　地表水中农药的残留情况及分布特征

4.1.2.1　地表水中农药残留情况

1992～2001年，美国地质调查局对186条河流的水样、1052条河流的沉积物样品及700个不同河流的鱼类样品进行检测，在水样中检出21种杀虫剂、52种除草剂、8种代谢产物、1种杀菌剂和1种杀螨剂，在沉积物和鱼类样品中检出有机氯农药及其代谢产物共32种。在所采取的90%的水样中至少有1种农药或降解产物检出，对鱼类样品的检测发现在发达地区超过 90%的样品检出有机氯农药，同时对沉积物样品的检测结果表明农业区有 57%的样品检出有机氯，而城市区有 80%的样品检出有机氯，表明在地表水环境系统中普遍存在农药残留。

在绝大部分河流的水样中检出除草剂共 18 种（注册为农业用途的 11 种，非农业用途的 7 种），主要包括莠去津及其降解产物脱乙基莠去津、异丙甲草胺、氰草津、甲草胺、乙草胺、西玛津、扑灭通、丁噻隆、2, 4-D、敌草隆等（图 4-2）。调查结果表明，河流中除草剂残留总量范围为 0.2～9.3 μg/L，变动幅度很大，显现出较大的离散性。在农业地区河流中检出率和检出浓度较高的除草剂均是在农田，尤其是玉米田使用较大量的莠去津、异丙甲草胺、氰草津。在城市地区河流中检出率较高的除草剂包括扑灭通、莠去津、2, 4-D和西玛津。

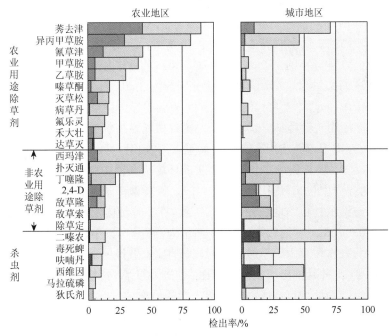

图 4-2　美国地表水中农药的检出情况

注：深色区域＞0.1 μg/L，浅色区域＜0.1 μg/L

水样中检出率较高的杀虫剂共 6 种，主要包括二嗪农、西维因、毒死蜱等。杀虫剂残留总量范围为 0.01～3.3 μg/L。农业用途使用量最多的杀虫剂为毒死蜱，但其年用量仅为除草剂莠去津的 20%，其他主要杀虫剂（二嗪农、呋喃丹、西维因、马拉硫磷）的用量总和不及毒死蜱的一半。在农业地区和城市地区河流中毒死蜱的检出浓度（＜0.1 μg/L）和检出率均较低，其主要原因是毒死蜱在水中溶解度较小，在土壤中移动性较弱，不容易由农田向地表水迁移。在城市地区，杀虫剂二嗪农、西维因检出率较高（图 4-2）。调查检出的杀虫剂品种数是除草剂的 1/3，主要是因为农田中除草剂的施用量要远远高于杀虫剂。

　　USGS 强调,在对 8 个农业地区(占农业地区总数的 9.6%)和 2 个城市地区(占城市地区总数的 6.7%)河流水样的检测中发现农药的年均浓度超过了人类健康基准。农业地区超标物为除草剂莠去津和氰草津以及杀虫剂狄氏剂,而城市地区超标物主要是杀虫剂二嗪农和狄氏剂。57%的农业地区河流水样中农药浓度超出水栖生物标准,超标物主要是除草剂莠去津和甲草胺、杀虫剂毒死蜱和谷硫磷;83%的城市地区河流水样中农药浓度超出水栖生物标准,超标物主要是杀虫剂毒死蜱、二嗪农和马拉硫磷。

4.1.2.2　检出农药的地理分布特征

　　在地表水中检出的农药品种和浓度表明农药的地理分布与使用强度之间关系密切,同时也受气候、农药本身的理化性质及当地的水文系统特征等因素的综合影响。NAWQA 通过比较不同农药本身的理化性质和使用情况描述了这些因素的综合效应对农药分布的影响,并以检出率较高的农药品种莠去津、异丙甲草胺、西玛津、扑灭通、毒死蜱、二嗪农为例分析影响农药地理分布的主要因素。其中,莠去津和异丙甲草胺是 20 世纪 90 年代曾在美国被广泛使用的 2 种除草剂,年消耗量分别约为 3 402 万 kg 和 3 039 万 kg。这 2 种除草剂主要用于玉米田,大约 85%的莠去津和 75%的异丙甲草胺用于玉米田,少量为非农业用途。莠去津还用于针叶林、草坪、圣诞树种植场、高尔夫球场和宅院草坪(尤其在美国南部地区),异丙甲草胺还用于草场、篱笆、苗圃和园林。两者在水中均有较大的溶解度和较强的移动性,但莠去津比异丙甲草胺的环境持久性更强。土壤中莠去津的降解半衰期为 146 d,而异丙甲草胺只有 26 d(表 4-1)。莠去津和异丙甲草胺在农业地区河流中的检出浓度分布与玉米种植的地理分布基本一致。在农业地区河流中莠去津和异丙甲草胺的检出浓度(>0.5 μg/L)普遍较高,且这些高浓度点基本集中在美国的玉米种植带。在城市地区河流中莠去津和异丙甲草胺也有检出,但比农业地区的检出浓度低,浓度水平基本为 0.05~0.5 μg/L,并且检出浓度点分布比农业地区更为分散,这与 2 种农药的使用情况是一致的。在美国南部城市地区河流中莠去津的检出浓度(>0.5 μg/L)也较高,这是因为在南部城市地区草坪中广泛使用莠去津。在城市地区莠去津的检出率和检出浓度均高于异丙甲草胺,这与 2 种农药的环境持久性及使用强度有关。

　　西玛津和扑灭通是美国常用的 2 种除草剂。两者总的使用量均较低,但是作为非农业用途的使用比例较高。与莠去津和异丙甲草胺相比,可使用西玛津的作物种类更多。约 40%的西玛津用于玉米田,35%用于柑橘园,20%用于葡萄园和其他种类果园,作为非农业用途的西玛津还用于草坪、公路边和苗圃。西玛津和扑灭通在水中均有较大的溶解度和较强的移动性。扑灭通在环境中的持久性更强,其在土壤中的降解半衰期为 932 d,而西玛津为 91 d。西玛津在农业地区河流中的检出浓度分布与玉米种植的地理分布基本一致。西玛津的检出浓度比莠去津低,检出浓度为 0.05~0.5 μg/L,这表明西玛津在玉米田中的使用量较低。西玛津在城市地区地表水中的检出浓度和检出率与莠去津基本持平,表明西玛津和莠去津在非农业用途中的使用情况相似。扑灭通在农业地区地表水中的检出浓度和检出率均低于西玛津,并且扑灭通在地表水中的检出情况与使用扑灭通的作物的地理分布不具相关性。在农业地区检出的扑灭通可能来自于这些地区非农业用途的使用。在城市地区河流中扑灭通的检出率与西玛津和莠去津相似，可能是扑灭通更高的环境持久性使其在水域中的残留时间更长。

表 4-1　检出率高的农药品种及其基本性质

种类	品种	土壤有机碳吸附系数的对数	水中溶解度	不同介质中半衰期/d	
		lg K_{oc}	S_w/(mg/L)	土壤	水
除草剂	莠去津	2.00	30	146	742
	异丙甲草胺	2.26	430	26	410
	西玛津	2.18	5	91	>32
	扑灭通	2.99	750	932	>200
杀虫剂	毒死蜱	3.78	0.73	39	29
	二嗪农	2.76	60	30.5	140
	西维因	2.36	120	17	11

　　毒死蜱和二嗪农是美国农业和城市地区普遍使用的杀虫剂。1997 年约有 589.68 万 kg 毒死蜱用于农作物，其中约 50%用于玉米和棉花田，其余用于苜蓿、花生、小麦、烟草田和果园。二嗪农农业用途的使用量较少，主要用于水果、坚果和蔬菜。二嗪农非农业用途的使用量大约是农业用途使用量的 4 倍。毒死蜱和二嗪农的移动性均比上述 4 种除草剂差。毒死蜱在水中的溶解度和移动性比二嗪农差，但其在土壤颗粒和有机质中的吸附性比二嗪农更强（表 4-1），两者在土壤中的半衰期比较接近。农业和城市地区地表水中杀虫剂的地理分布与它们的使用情况相一致。在农业地区，毒死蜱检出点（<0.05 μg/L）分布于美国中部玉米种植区域的河流、玉米和棉花种植地的密西西比河下游以及美国西部地区果树种植地的河流，二嗪农检出点分布于美国西部水果和蔬菜集中种植区的河流。两者在大部分城市地区河流中的检出浓度均高于其在农业地区河流中的浓度，但是在城市地区河流中的检出率远低于农业地区河流。尽管毒死蜱和二嗪农的非农业用途的使用情况基本相同，但是在城市河流中，二嗪农的检出率为 75%，毒死蜱为 30%，在 23 条河流中二嗪农检出浓度>0.05 μg/L，而只有 3 条河流中毒死蜱检出浓度>0.05 μg/L。在农业地区河流中两者的检出率和检出浓度基本相似。总体来看，二嗪农比毒死蜱更容易检出，其原因可能是二嗪农在水中具有较高的溶解度和移动性，而毒死蜱对土壤颗粒和有机质的吸附性较强，所以毒死蜱更容易吸附在河流沉积物中。

　　每种农药在地表水中的分布都有它们特定的形式，这在很大程度上取决于该农药在特定作物上的使用及其在环境中的移动性和持久性。总之，农药对地表水的污染程度主要通过土地利用方式、作物种类及相关化学农药使用的地理分布进行预测。其他因素对河流中农药检出浓度的影响并不大，但在评估农药对地表水的潜在污染风险时还需要考虑整个水文系统的复杂性。

4.1.2.3　美国地表水中农药污染的季节性变化规律

调查结果显示，在一年中的不同时间检测到的河流水体中农药浓度随季节变化而变化。这种规律通常表现为某种农药的浓度长期处于低水平，但某星期或某月会突然增高。影响季节变化规律的主要因素包括农药用量、使用时间和影响农药向地表水迁移的水文因素（降水和灌溉的量及时间、排水系统、地表水和地下水间的作用）。NAWQA 的调查结果（图 4-3）表明，河流水体中农药浓度在作物生长季节最高，在冬季最低。除草剂高浓度持续时间在 4~7 月，且农业地区高于城市地区。杀虫剂浓度则是城市地区高于农业地区，高浓度持续时间较长，在 3~9 月。由于农药一般在夏季施用，因此检出的高浓度农药出现时间基本在夏季（5~8 月）。在干旱夏季过后，由于降雨的稀释，农药浓度在 9~10 月有所降低。更低浓度农药出现时间在冬季，这是由施药后高降雨量的稀释作用和农药的进一步降解所造成的。因此，总体上河流水体中检出的农药浓度变化趋势呈现为在晚春到夏季最高，在冬季最低。

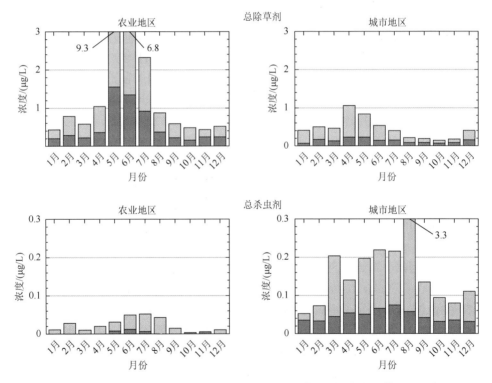

图 4-3　地表水中除草剂和杀虫剂检出浓度的季节变化规律

深色区域表示所有地表水样品测得的农药总浓度的平均值，浅色区域表示农药总浓度值的 75%

4.1.2.4　农药浓度季节性变化规律在地域上的差异性

尽管河流水体中农药浓度变化总体上呈现季节性变化规律，但由于各地区农药施用时间、用量、气候、降水和灌溉次数不同，故会出现地域性差异。但在相同区域（例如玉米种植带），季节变化规律是非常一致的。本书以莠去津、扑灭通和二嗪农为例，说明农药浓度季节性变化规律的地域差异。

在主要的农业地区（玉米种植带）河流，爱荷华州、印第安纳州、俄亥俄州境内的河流水体和密西西比河排水中检出的玉米田主要使用的除草剂品种莠去津的浓度均在春季使用后出现峰值。由于莠去津的年使用量比较恒定，因此观察到的莠去津检出浓度的季节性变化规律比较明显。但是扑灭通在这些河流水体中的检出浓度却较低，基本不存在明显的季节性变化规律，其原因是扑灭通在很多非农业用途中的使用量都较小。大部分年份农业地区（玉米种植带）河流水体中二嗪农检出浓度很低或未检出，但是在莫米河中二嗪农检出浓度相对较高，其原因是在莫米河沿岸有较多的城市用地，因此更容易受非农业用途二嗪农的影响。

与农业地区河流相比，在典型的城市地区河流，如弗吉尼亚州、乔治亚州和内华达州境内的 3 条河流水体中检测到的农药浓度所呈现的季节性变化规律并不显著。这是由于住宅区和商业区的农药施用在时间和地点上较为分散，不具有规律性。在拉斯维加斯湾中扑灭通和二嗪农的检出浓度比莠去津高，尤其在春季和夏季扑灭通和二嗪农的检出浓度达到最高点。在华盛顿的波托马克河检出的莠去津和扑灭通的最高浓度出现在冬季和春季，但是总体上还是比农业地区河流水体中的检出浓度低。这是由于波托马克河的排水主要灌溉旱地农田，而小麦和一些谷类作物为该区域的主要农作物，因此农药使用量相对较小。在加利福尼亚州的 Orestimba 溪中检出二嗪农的浓度峰值出现在初冬和仲夏。Orestimba 溪主要灌溉以种植果树、蔬菜和苜蓿为主的农业区域，而在 1～2 月和夏季该地区的果树和蔬菜种植中广泛使用二嗪农。

上述结果表明，由于不同地区农药的使用量和使用时间不同，故检测到的同一种农药的最高浓度出现时间也不同，即季节性变化规律不同。

4.1.2.5　农药浓度季节性变化规律在时间上的一致性

农药检出浓度的季节性变化规律在地域上具有可变性，但是在相同地域的不同年份检出的农药浓度在不同程度上具有一致性。如图 4-4 所示，白河中莠去津浓度在 1992～2001 年间季节性变化大致相同，这是因为该地区主要作物是玉米，种植时间在 4 月中旬到 5 月底，每年莠去津的施用基本集中在这一时期。5～6 月的降水使莠去津从农田向地表水中迁移，因此每年莠去津的高浓度均出现在这段时期。与之相反，每年白河中检出毒死蜱的浓度变化的规律性较差，这是因为毒死蜱每年的施用时间不固定，一般是在玉米根部出现蛴虫爆发时才会施用。

由此可见，对于使用量较大以及使用时间较为集中的农药，其检出浓度呈现的季节性变化规律较为明显，与城市地区河流相比，农业地区河流中农药浓度呈现的季节性变化规律较为明显。

掌握地表水中农药浓度季节性变化规律的重要意义在于它能影响饮用水源的水质管理和水生生物农药暴露临界值的确定。尽管 NAWQA 并未涉及饮用水水系中农药浓度的

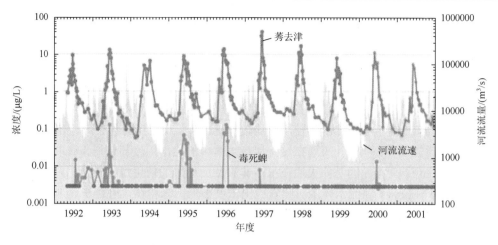

图4-4　白河中莠去津和毒死蜱的检出浓度

监测,但是调查结果表明农药高浓度的季节性脉冲式变化也可能发生在作为饮用水源地的河流中。因此,掌握农药浓度的季节性变化规律,对于季节性监测饮用水源地的河流以进一步制定水质管理措施显得尤为重要。在农药高浓度出现时期,可避免使用该河流作为饮用水,或者加大对该河流水质的净化处理力度等。

农药对地表水中水生生物的毒性作用是由高浓度农药出现的时间和水生生物的生长期及繁殖期共同决定的。USEPA 对水生生物急性暴露毒性的评价是基于农药浓度的峰值,而对无脊椎动物和鱼的慢性毒性评价则是分别基于 21 d 和 60 d 内农药浓度的平均值。只有掌握每种农药最高浓度发生的季节和水生生物在每个季节的生长阶段,并实施可行的监测方案,才能获得风险评价所需的准确统计资料。

4.2　东苕溪流域农药污染状况分析与评价

4.2.1　东苕溪地表水农药残留状况分析

2008~2009 年,本书对东苕溪采集的 264 个水样、107 个底泥样品进行了分析,在所采取水样中至少有一种农药或降解产物检出,已禁用的有机氯农药检出率仍很高,其中有机氯农药检出率及检出浓度较高的主要为滴滴涕系列及 β-六六六,评价浓度最高为 0.09 μg/L,检出率最高在 80%以上。目前施用较多的甲萘威、百菌清等检出率也很高,检出率在 50%以上;对于相对降解较快的有机磷农药,检出率和检出浓度相对较低,一般都在 10%以下,但现在仍施用的三唑磷的检出率及检出浓度都相对比较高。据报道,在杭州市各大水系中仍然存在有机磷农药和有机氯农药的代谢物 DDE,总滴滴涕、总六六六质量浓度分别为 0~0.270 μg/L、0~0.006 25 μg/L;有机磷农药主要污染物为对硫磷,其检出质量浓度为 0~0.445 μg/L,远低于标准限值,这与有机磷农药半衰期短、较易降解有关。这与我们的研究结果相似。

数据显示,在美国地表水中检出率和检出浓度较高的品种基本上是除草剂,这是因为除草剂使用量比杀虫剂大。目前，我国使用量较多的农药是有机氯和有机磷类杀虫剂，因此我国目前监测到的数据基本是有机氯和有机磷类农药。总之，我国地表水中检出率较高的农药为除草剂氟乐灵和乙草胺，杀虫剂滴滴涕系列、β-六六六、二嗪农、甲萘威及杀菌剂百菌清，它们均具有较低的 K_{oc} 值和较高的环境持久性。综上所述，在地表水中检出率较高的农药均具有较低的土壤有机碳吸附常数 K_{oc} 值和较高的环境持久性，同时也与当地农药的使用品种和使用量有关。

一年内地表水中农药浓度也不同程度地显示出季节性变化规律。2008～2009 年，观察到的采样点地表水中农药的较高浓度出现在 8 月。这种季节性变化趋势与美国的调查结果相似，即在夏季 5～8 月期间农药浓度较高，在冬季较低。总之，农药浓度的季节性变化规律因受流域地区作物种植类型的显著影响而导致河流中农药浓度分布的时空变化。

4.2.2　农药残留美国水质标准评价结果

美国水质评价基准的基础和应用研究始于 20 世纪 60 年代，相继发表了《绿皮书》《蓝皮书》和《红皮书》等水质评价基准文献。目前，USEPA 共提出了 165 种污染物的水质评价基准，包括保护水生生物的水质评价基准，保护人体健康的水质评价基准和防止水体富营养化的营养物评价基准、生物评价基准等，其中涉及合成有机物（106 项）、农药（30 项）、金属（17 项）、无机物（7 项）、基本物理化学特性（4 项）、细菌（1 项）等。其中，保护人体健康的评价基准用以毒理学评估和暴露实验为基础的污染物浓度表示，是分别根据单独摄入水生生物，以及同时摄入水和水生生物 2 种情形计算得到的。人体健康评价基准的核心是对污染物剂量-效应（对象）关系的认识。保护水生生物的评价基准包括暴露浓度、时间和频次等，是针对淡水水生生物和海水水生生物 2 种情形计算得到的。

美国的水质标准是一个广义的水环境质量标准体系，它由水体化学物质标准、营养物标准、沉积物标准以及水生生物标准组成，反映了水生态系统所有组分的质量状况。在美国，关于水生生物、人体健康和营养物的水质评价基准由 USEPA 负责公布，水质标准则由各州根据水质评价基准和该州水体功能负责制定。各州和受权部门可在直接采用、调整和修改水质评价基准的基础上制定水质标准，但这些标准必须报经 USEPA 批准后才能生效。

NAWQA 将不同地点农药暴露水平（来源于 NAWQA 样品测定浓度的统计值）与 USEPA 制定的水质基准和农药风险评价的毒性值进行比较，于 2009 年 5 月在 USGS 网站发布了地表水中农药残留的水质评价标准，包括人类健康标准、水生生物标准或野生生物标准。该标准和准则可以用来评价正在研究中的农药品种对水质的潜在影响。

NAWQA 依据水质评价标准，在对地表水中农药残留状况进行统计分析后提出了地表水中农药的风险评估方法——筛选水平评价（screening-level assessment）。该项评价可分为人类健康风险评价（human health risk assessment，HHRA）和生态风险评价（ecological risk assessment，ERA）。筛选水平评价可用来判断某水域是否为需要进一步关注和优先监测的水域,也就是说,农药残留测定浓度即使超过基准,也并不代表已经产生危害作用,而是表明可能产生危害作用,并且需要进一步优先监测农药残留水平超出基准的采样区域。

筛选水平评价可以有效评估目前河流中残留农药的浓度对人体健康及水生生物的危害,但是它也具有局限性。例如,农药的水质评价基准通常由单独某种农药的毒性信息得到,然而河流中检测到的往往是多种农药的混合物。目前,低浓度的多种农药对人体健康长期的累积危害作用尚不明确,因此基准数据尚需要进一步更新,同时筛选水平评价范围应得到进一步扩大。

4.2.3　农药残留我国水质标准评价结果

我国的水质标准以水化学和物理标准为主,体系尚不完整,不能对水环境质量进行全面评价。现行的水质标准是根据不同水域及其使用功能分别制定的。其中,《地表水环境质量标准》(GB 3838—2002)由原国家环境保护总局制定,分别赋予了 I ～ V 类的水质标准。标准值主要是参考美国的水质基准数据以及日本、俄罗斯、欧盟等国家和地区的水质标准值。与美国相比,我国水体核心功能的确立并不是以人体健康、水生态系统安全为目标,而是更偏重于对水体资源用途的保护。我国水质评价基准研究相对滞后,目前尚未建立适合于我国水生生态系统保护的水质评价基准体系,对评价基准在标准体系中的作用也缺乏足够重视。由于水生生物区系具有地域性,代表性物种不同,其他国家的水质评价基准不能够完全反映中国水生生物保护的要求,所以如果只是参考其他国家的水质评价基准制定我国的水质标准,将会降低我国水质标准的科学性,导致保护不够或过分保护的可能性。

与美国相比,我国的水质标准体系相对不够完整,缺乏水质评价基准的内容,它是在借鉴国外基准的基础上,由国家统一制定,由地方政府负责落实和应用。因此,我国水质标准兼有评价基准和标准的一些内容和作用,没有形成清晰的体系结构。我国的水质标准体系还不够完善,与国外相比,其在标准制定原理、分类、污染物项目选择和水体功能等方面还有较大差距,难以满足未来面向水生生态系统保护的总量控制策略方面的要求。为此,需要进一步完善我国的水质标准体系及其制定方法,通过水质标准的创新推动我国水环境管理机制、制度的创新。

4.3　本 章 小 结

美国地质调查局对该国地表水体(河流和湖泊)中农药的污染状况做了全面调查和研究。在研究这些调查数据的基础上,美国总结出地表水中检出农药的品种和浓度及其地理分布特征以及农药浓度的季节性变化规律,并认为这些规律主要与其使用强度密切相关,同时也受气候、农药本身的理化性质及当地的水文系统特征等因素的综合影响。而农药在不同时空的分布特点是由季节性变化规律、流域地区的作物种植类型以及农药的使用强度共同决定的。根据美国制定的水质评价基准,NAWQA 提出了地表水中农药残留的风险评估方法。

　　我国长期以来对水质的监测工作主要集中于无机污染物和重金属污染，对地表水中农药污染的调查和研究工作尚处于起步阶段，我国应根据国内农药的主要使用品种进行选择性监测，依据农药浓度的季节性变化规律和作物种植类型总结出我国地表水中农药的时空分布特点，并逐步推进我国的水质评价基准制定工作，建立我国地表水中农药残留的风险评估方法，从而对我国水体中农药污染进行全面管理和控制，保护人体健康。

本章主要参考文献

卜元卿，单正军，孔德洋，等. 2011. 东苕溪流域地表水农业化学品污染状况及生态风险评价[A]//中国毒理学会环境与生态毒理学专业委员会第二届学术研讨会暨中国环境科学学会环境标准与基准专业委员会 2011 年学术研讨会会议.

顾宝根，程燕，周军英，等. 2009. 美国农药生态风险评价技术[J]. 农药学学报，11（3）：283-290.

孟伟，张远，郑丙辉. 2006. 水环境质量基准、标准与流域水污染物总量控制策略[J]. 环境科学研究，19（3）：1-5.

宋宁慧，卜元卿，单正军. 2010. 农药对地表水污染状况研究概述[J]. 生态与农村环境学报，26（ao1）：49-57.

孙青萍. 2003. 杭州市地表水有机农药的污染现状及风险[D]. 杭州：浙江大学.

张祖麟，洪华生. 2000. 厦门港表层水体中有机氯农药和多氯联苯的研究[J]. 海洋环境科学，19（3）：48-51.

Cerejeira M J，Vian A P，Batist A S，et al. 2003. Pesticides in portuguese surface and ground waters[J]. Water Research，37（5）：1055-1063.

Huber A，Bach M，Frede H G. 2000. Pollution of surface waters with pesticides in Germany：modeling non-point source inputs[J]. Agriculture Ecosystems and Environment，80（3）：191-204.

Ioannis K K，Dimitra G H，Triantafyllos A A. 2006. The status of pesticide pollution in surface waters（Rivers and Lakes）of Greece. Part I. Review on Occurrence and Levels[J]. Environmental Pollution，141（3）：555-570.

Ollers S，Singer H P，Fassler P，et al. 2001. Simultaneous quantification of neutral aeidic pharfmaceuticals and peticides at the low-ng/l level in surface and Waste Water[J]. Journal of Chromatography A，911（4）：225-234.

USEPA. 1980. Qaulity criteria for water[R]. Washington DC：Office of Water and Hazardous Materials.

第5章 典型农药对水生生物毒性及水生生态效应的影响

农药施用后可通过径流进入溪流和河湖之中,而进入其他环境介质中的农药大部分经生物圈物质循环后也汇集到水体中,导致水生态环境质量降低,水生态系统破坏。

东苕溪流域主要断面、饮用水水源地检出农药品种 30 余种,有机磷、菊酯类农药的检出率和检出浓度较高。以硫丹为代表的有机氯农药、以毒死蜱为代表的有机磷农药、以高效氯氟氰菊酯为代表的菊酯类农药、以阿维菌素为代表的生物类农药是东苕溪水稻种植过程中的常用农药品种,农药对水生生物急性毒性数据显示以上品种对鱼、虾、蟹等水生生物具有高毒性。硫丹对金色雅罗鱼 LC_{50}(96 h)2 μg/L,毒死蜱对斑马鱼、青虾、螃蟹的 LC_{50}(96 h)分别为 1.94 mg/L、17.3 μg/L、0.662 mg/L;高效氯氟氰菊酯对斑马鱼、河虾、河蟹、大型溞的 LC_{50}(96 h)分别为 3.3 g/L、0.159 μg/L、6.99 μg/L、2.93 μg/L;阿维菌素对斑马鱼、青虾的 LC_{50}(96 h)分别为 48.3 μg/L 和 0.76 mg/L。因此,当毒死蜱等农药大量使用导致其在水环境残留浓度高于半致死浓度时,可能会对水生生物造成威胁。

水环境残留农药除对水生生物的急性毒性外,还可通过饮用水或水生食物链富集,经过水产品进入人体,对人体健康造成危害。特别是以硫丹为代表的有机氯杀虫剂,2009 年《斯德哥尔摩公约》已将其列入持久性污染物目录。东苕溪断面水质调查结果显示,硫丹检出率在 50% 左右,检测浓度为 0.03~0.05 μg/L。由于硫丹对动物神经系统、内分泌系统具有毒害作用,可能对水生生物和人类健康构成潜在威胁。

农药生态效应研究是掌握重点品种使用风险,合理使用化学农药,减少农药环境污染的基础。我国的农药生态风险评价研究工作起步较晚,虽有一些学者开展了一些相关的研究,但大多是对农药生态风险评价方法、程序的探讨,有关农药生态风险评价技术的研究较少,对稻田使用农药的水生生态风险评价技术研究更少。

本书以硫丹、毒死蜱、高效氯氟氰菊酯、阿维菌素为典型品种,通过测定农药水环境残留数据、动物毒理学的实验数据,研究有机氯、有机磷、菊酯类、生物农药使用对水生生态系统的影响,从保护东苕溪水生生态安全角度出发,提出较为适合水稻种植使用的农药品种;通过农药生态和健康风险评价研究,明确农药使用对东苕溪水环境的污染风险,以实现农药使用的水环境风险管理。

5.1 有机氯农药对水生生物毒性的影响

5.1.1 材料与方法

5.1.1.1 材料与试剂

斑马鱼(*Brachydanio rerio*),由国家环境保护农药环境评价与污染控制重点实验室提供，选取同一批卵孵化 120 d 后的性成熟个体作为试验用鱼。

β-硫丹标准品（纯度 98.0%）和 SIM-F140 制冰机。

抑肽酶抑制、苯甲磺酰氟（PMSF）、牛血清白蛋白（BSA）、交联剂、化学发光试剂盒、鼠抗斑马鱼卵黄蛋白原单克隆抗体、羊抗鼠 IgG-HRP、斑马鱼卵黄蛋白原 ELISA 检测试剂盒、电泳仪、凝胶成像系统、酶标仪。

5.1.1.2　试验方法

1）β-硫丹暴露处理

采用 OECD 鱼类短期繁殖试验方法，为保证试验期间药物对鱼类的安全性，浓度设置要求不超过 LC_{50} 的 10%。有研究表明，硫丹对斑马鱼的 96 h LC_{50} 约为 1.62 μg/L，因此选择处理浓度设置为 0.01 μg/L、0.05 μg/L、0.2 μg/L[①]，助溶剂为丙酮，每个浓度设置 3 个平行，并设置空白对照和溶剂对照。β-硫丹用丙酮配制成 100 mg/L 的母液，于 4℃避光保存。暴露时稀释至所需要的浓度。在体积为 20 L 的玻璃鱼缸（40 cm×25 cm×20 cm）中分别配制上述各浓度的试验液 15 L，各处理组中丙酮的最大浓度应<0.1%。分别放置 20 条斑马鱼（雌雄各半）于各处理组及对照组中，试验采用每隔 24 h 更换全部药液的半静态进行暴露，暴露周期为 21 d，暴露期间每天喂食 3 次，其余条件与驯养期间相同。试验用水为经活性炭过滤并充分曝气的自来水，水温为（26±1）℃，pH 为 6.5～8.5，溶解氧为（8.5±0.5）mg/L。

2）斑马鱼肝脏、性腺组织采集

21 d 暴露期结束后，各处理组及对照组分别取 5 尾雌鱼与 5 尾雄鱼，计算平均体重和平均体长，比较对照组与处理组平均体长、平均体重之间是否存在显著差异。各处理组及对照组中剩余的 5 尾雌鱼与 5 尾雄鱼分别称重后进行解剖，取肝脏及性腺组织进行称重，并计算肝脏指数（hepatosomatic index，HSI）和性腺指数（gonadosomatic index，GSI）。指标测定，计算平均体重、平均体长、肝脏指数和性腺指数，比较对照组与处理组之间是否存在显著差异。

肝脏指数和性腺指数的计算公式分别为

$$肝脏指数(HSI) = (肝脏重/体重) \times 100\%$$
$$性腺指数(GSI) = (性腺重/体重) \times 100\%$$

3）受精卵采集

暴露期间，每日待斑马鱼产卵结束后，收集各处理组及对照组的鱼卵，分别记录各组的产卵量、受精率和孵化率，统计 21 d 暴露期间各组的产卵总数，并计算各组中每对斑马鱼的日平均产卵量。

4）繁殖指标测定

产卵总数为某一处理组或对照组 14 d 或 21 d 暴露期间内产卵的总粒数。受精率为受精卵占产卵总数的百分比。孵化率为孵化鱼数占受精卵总数的百分比。

5）血液样品采集

根据 OECD 的血样制备方法，取雄雌斑马鱼各 5 条，测量体重和体长，用在肝素溶

---

① OECD 为通常要求，为明确毒性影响，可适度放大到 0.2μg/L。

液中浸泡过的手术剪刀剪开斑马鱼尾部，用浸泡过的毛细管取血，按 1∶6（血液∶稀释液）加入预冷的血样稀释缓稀释，混匀后 4℃，12 000 r/min 离心 12 min，取上清液分装，于–80℃保存。

血液中卵黄蛋白原样品检测采用 3 种分析方法。

（1）ELISA 检测。①样品稀释：样品稀释液为 PBS-1%BSA 缓冲液，雄鱼血样稀释 200 倍，雌鱼血液稀释 100 倍。②标准品配制：标准品稀释液为 PBS-1%BSA 缓冲液，取斑马鱼卵黄蛋白原标准品一瓶（4.5 μg），加入 1 mL 稀释液配制成 4 500 ng/L 母液，然后逐级稀释成浓度为 125 ng/L、62.5 ng/L、31.3 ng/L、15.6 ng/L、7.81 ng/L、3.91 ng/L、1.95 ng/L、0.98 ng/L、0.49 ng/L、0.24 ng/L、0.12 ng/L 溶液。③主要步骤：a. 每孔加入 100 μL 样品或标准品于 96 孔酶标板中，封闭酶标板，室温（20～25℃）孵化 1 h。b. 每孔加入 300 μL 洗板液，洗板 3 次，每次 5 min。按 1∶350 稀释一抗，取鼠抗斑马鱼 Vtg 35 μL 加入到 11 mL 稀释缓冲液中。c. 加入一抗，每孔 100 μL，封闭酶标板，室温（20～25℃）孵化 1 h。d. 每孔加入 300 μL 洗板液，洗板 3 次，每次 5 min。按 1∶2 000 稀释二抗，6 μL 二抗加入到 12 mL 稀释液中。e. 加入二抗，每孔 100 μL，封闭酶标板，室温（20～25℃）孵化 1 h。f. 每孔加入 300 μL 洗板液，洗板 5 次，每次 5 min。g. 每孔加入 100 μL 底物显色液，室温（20～25℃）避光 30 min。h. 用 2 mol/L H_2SO_4 终止反应，每孔加入 50 μL。i. 5 min 后 490 nm 处测吸光值。

（2）SDS-PAGE 检测。采用不连续浓度系统，分离胶浓度为 6%，浓缩胶浓度为 4%。①配制分离胶：先将分离胶配制好，混匀，灌入制胶器内，用 1 mL 纯水封胶，约 30 min 后倒去封胶的纯水，用滤纸吸干。②配制浓缩胶：配制好浓缩胶，混匀，加至分离胶上面，至凝胶溶液到达玻璃杯顶端，插入样品梳，当浓缩胶聚合后拔出梳子，同时制作两块胶，一块用于考马斯亮蓝染色，一块用于免疫印迹分析（western blotting）。③样品的配制：取出样品，按 1∶2（样品∶上样缓冲液）的体积加入上样缓冲液，混匀，在 99℃加热 5 min，12 000 r/min 离心 2 min。指示剂按说明书要求配制。④电泳：在电泳槽中加入电泳缓冲液，每孔加入 5 μL 样品。调整电压为 80 V，当样品泳出浓缩胶后，升为 150 V 电压，指示剂溴酚蓝到达底部时停止电泳，时间约为 50 min，关闭电源。⑤染色和脱色：将其中一块凝胶放入考马斯亮蓝染色液中浸染 2 h，倒出染色液，取出凝胶浸泡于脱色液中，在摇床上震荡脱色过夜，期间更换脱色液 4～5 次，直至条带清晰，用凝胶成像仪进行拍照。

（3）免疫印迹分析（western blotting）。①取出电泳完的凝胶，切去浓缩胶，将分离胶放入纯水中清洗 2 min。②裁剪 1 张与凝胶大小相同的 NC 膜（硝酸纤维素膜）和 2 张薄滤纸，将 NC 膜、滤纸、多孔垫片和凝胶放入转膜缓冲液中浸泡至完全浸透，约 10～20 min。③将浸泡好的多孔垫片放在转移盒上，放上 1 张滤纸，与垫片对齐，轻轻排出气泡。④把 NC 膜放在滤纸上，排出气泡，将浸泡好的凝胶准确放于 NC 膜上，依次放上 1 张滤纸，一层多孔垫片，将各层对齐，轻轻排出气泡，夹上转移盒放入电泳槽中，NC 膜面为阳极，凝胶面为阴极。⑤往电泳槽中注入转膜缓冲液，放入冰袋，连接电源，恒压 100 V，90 min。⑥电泳结束后，将 NC 膜取出，观察彩虹指示剂转移情况。⑦将 NC 膜放入 TTBS 中清洗数分钟后，放在 TBST-5%BSA 中室温封闭 1 h，放于摇床上轻微摇动。⑧将封闭好的 NC

膜置入 1∶1 000 稀释的一抗中，室温孵育 1 h，于摇床上轻微摇动。⑨TTBS 清洗 5 次，每次 10 min。将 NC 膜放入羊抗鼠 IgG-HRP 与交联剂的混合液中，羊抗鼠 IgG-HRP 稀释 1∶250 000，交联剂稀释 1∶50 000，室温孵育 1 h，于摇床上轻微摇动。⑩用 TTBS 洗涤 6 次，每次 10 min，加入化学发光试剂反应，室温轻轻摇动，5 min 内于凝胶成像仪中拍照。

6）数据处理

实验数据用统计学方法进行处理，采用 SPSS 17.0 统计软件进行显著性分析，各数据均用平均值±标准偏差表示，各组间的差异利用单因素方差分析，$P<0.05$ 为差异显著。

5.1.2　结果与讨论

5.1.2.1　肝脏指数的变化

斑马鱼暴露于 β-硫丹 21 d 后，与对照组相比较，0.05 μg/L、0.2 μg/L 两个处理浓度组雄性斑马鱼的肝脏指数均显著的增大（$P<0.05$），分别增加了 28.6%和 22.8%，而雌鱼的肝脏指数与空白对照组比没有明显的变化（$P>0.05$）。肝脏指数增大可能是由于暴露于 β-硫丹中，斑马鱼肝脏受损，肝细胞出现空泡、肿大、胞质疏松等变化，也可能是由于体内的卵黄蛋白原（Vtg）含量的增加。雌鱼体内的肝脏指数没有增加，可能是由于雌鱼体内 Vtg 的含量原来就很高，增加的 Vtg 含量并不能引起总值的显著变化，也可能是 β-硫丹在本实验条件下对雌鱼的造成的生物毒性损伤没有雄鱼的显著。有研究表明，暴露于硫丹中的大马哈鱼的 HSI 会显著的增大，肝细胞出现空泡。

5.1.2.2　性腺指数的变化

实验结果显示 β-硫丹暴露 21 d 后，斑马鱼性腺指数的变化：雄性斑马鱼的性腺指数随着 β-硫丹暴露浓度的增加有下降的趋势，0.2 μg/L 浓度暴露下，与空白对照组有显著差异（$P<0.05$），下降了 30.3%；雌鱼性腺指数与对照组比，没有明显变化（$P>0.05$）。本实验的雄性斑马鱼的 GSI 下降表明精巢结构受到了损伤。影响了斑马鱼精子的质量和数量，会对斑马鱼的受精率和孵化率产生影响。有很多研究表明，硫丹会对水生生物的生殖行为产生影响，如暴露于硫丹中 21 d，会使大型溞的产卵量显著减少，初始孵化时间延长等。

试验结果显示，斑马鱼受精率随着 β-硫丹暴露浓度的增加有下降的趋势，并且在 0.2 μg/L 浓度时，与对照组有明显差异（$P<0.05$），受精率显著下降了 9.3%。这说明 21 d 的 β-硫丹暴露，斑马鱼的精巢或是卵母细胞受到了影响，或是干扰了斑马鱼的交配行为，造成了斑马鱼的受精率下降，并且在 0.2 μg/L 浓度时影响比较显著。

柱形上方参数有一个字母相同则无显著差异，反之，则有显著差异（$P<0.05$）。受精

率下降说明 β-硫丹的暴露对斑马鱼的生殖功能产生了影响，从图 5-1 显示的孵化率的结果来分析，更加证明了 β-硫丹对斑马鱼有一定的生殖毒性。与对照组相比，各个暴露浓度组的孵化率都显著降低（$P<0.05$），分别降低了 19.1%、17.49% 和 26.9%，表明了在 β-硫丹中暴露 21 d，各浓度对斑马鱼的孵化率都产生了显著的影响。有研究表明暴露于硫丹中 24 h，日本青鳉产卵量减少，受精卵孵化时间延长，仔鱼游动能力减弱等。而硫丹对大鼠生精功能的影响，发现大鼠长期接触硫丹会引起精子生成减少，精子畸形率增多，并能引起肝脏和睾丸组织损伤。而将小鼠用硫丹连续灌胃，结果显示硫丹可诱导睾丸生精细胞凋亡。

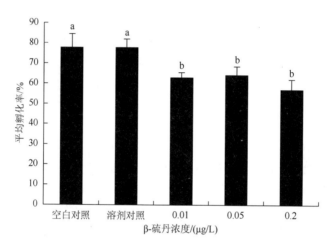

图 5-1　β-硫丹对斑马鱼孵化率的影响

5.1.2.3　Vtg-ELISA 结果分析

从图 5-2 可以看出，β-硫丹对雄鱼体内 Vtg 的影响是显著的。在 21 d 暴露条件下，各个暴露浓度组的雄性斑马鱼体内 Vtg 的含量与对照组比较是显著增加的，并且随着暴露浓

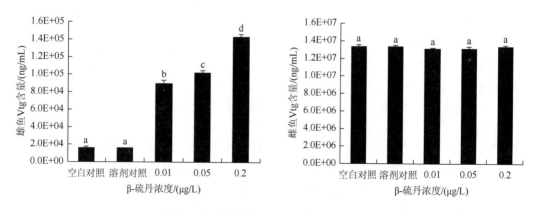

图 5-2　β-硫丹对斑马鱼卵黄蛋白原的影响

度的增加而呈增大的趋势，表明 β-硫丹可以诱导雄鱼体内产生 Vtg，随着浓度的增加而增大。而雌鱼体内的 Vtg 含量并没有显著变化。

柱形上方参数有一个字母相同则无显著差异，反之，则有显著差异（$P<0.05$）。SDS-PAGE 和 western blotting 结果表明斑马鱼能够发生特异性结合的 Vtg 亚基分别约为 150 kDa、110 kDa 和 86 kDa，150 kDa 和 110 kDa 为主要蛋白带。随着暴露浓度的增加，斑马鱼血浆内蛋白条带的宽度和深度都随着增加。可以看到 0.2 μg/L 浓度组的蛋白带还是有很微弱的蛋白条带，表明经过 21 d 的 β-硫丹诱导，斑马鱼血浆内 Vtg 的含量明显的增加。而有人发现，E2 中诱导的雄性斑马鱼体内的蛋白条带分别为 155 kDa、130 kDa 和 120 kDa，主要条带为 130 kDa（图 5-3 和图 5-4）。与本书的结果有差异，可能与 Vtg 发生降解有关。鱼类卵巢中的酶可以将 Vtg 分解成各种卵黄蛋白成分，这种酶主要是组织蛋白酶 D。Sire 等研究发现虹鳟鱼的卵细胞中同时存在着组织蛋白酶 D 和 Vtg。有研究在马苏鲑鱼卵巢中提出了一种与 Vtg 分析有关的酶，该酶对抑肽酶敏感，鉴定为组织蛋白酶 D 样蛋白。另外有学者从真鲷卵巢中纯化出来组织蛋白酶 D，并提出在该鱼种中 Vtg 的分解是由组织蛋白来完成的。

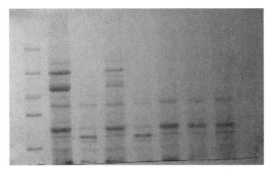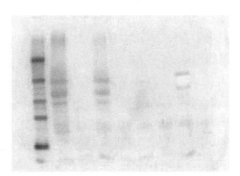

M：指示剂　1：空白对照组雌性斑马鱼血浆　2：空白对照组雄性斑马鱼血浆　3：溶剂对照组雌性斑马鱼血浆
4：溶剂对照组雄性斑马鱼血浆　5-7：β-硫丹处理组雄鱼血浆（0.01 μg/L、0.05 μg/L、0.2 μg/L）

图 5-3　雄鱼斑马鱼血浆 Vtg 的 SDS-PAGE 和 western blotting 结果

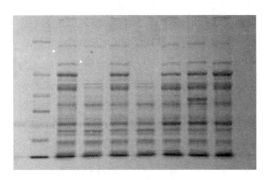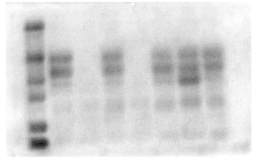

M：指示剂　8：空白对照组雌性斑马鱼血浆　9：空白对照组雄性斑马鱼血浆　10：溶剂对照组雌性斑马鱼血浆
11：溶剂对照组雄性斑马鱼血浆　12-14：β-硫丹处理组雌鱼血浆(0.01 μg/L、0.05 μg/L、0.2 μg/L)

图 5-4　雌鱼斑马鱼血浆 Vtg 的 SDS-PAGE 和 western blotting 结果

国外也有用与 Vtg 有同源性的卵黄磷脂蛋白制备抗体进行鱼类的 Vtg 检测。如用纯化的雌性斑马鱼卵巢的卵黄磷脂蛋白制作抗体，对斑马鱼 Vtg 进行检测，发现 4 条蛋白条带，分别是 170 kDa、140 kDa、103 kDa 和 90 kDa。也有学者用斑马鱼体内纯化的 Vtg 制备的抗体对斑马鱼血浆检测，发现了两条主要的蛋白条带，分别是 171 kDa 和 142 kDa。

5.1.3　小结

（1）斑马鱼暴露于 β-硫丹 21 d 后，与对照组相比较，0.05 µg/L、0.2 µg/L 两个处理浓度组雄性斑马鱼的肝脏指数均显著的增大（$P < 0.05$），分别增加了 28.6%和 22.8%，而雌鱼的肝脏指数与空白对照组比没有明显的变化（$P > 0.05$）。

（2）β-硫丹暴露 21 d 后，雄性斑马鱼的性腺指数随着 β-硫丹暴露浓度的增加有下降的趋势，0.2 µg/L 浓度暴露下，与空白对照组有显著差异（$P < 0.05$），下降了 30.3%。雌鱼性腺指数与对照组比，没有明显变化（$P > 0.05$）。

（3）21 d 暴露后，斑马鱼受精率随着 β-硫丹暴露浓度的增加有下降的趋势，并且在 0.2 µg/L 浓度时，与对照组有明显差异（$P < 0.05$），受精率显著下降了 9.3%。与对照组相比，各个暴露浓度组的孵化率都显著降低（$P < 0.05$），分别降低了 19.1%、17.49%和 26.9%，表明了在 β-硫丹中暴露 21 d，本书中设置的浓度对斑马鱼的受精率和孵化率都产生了显著的影响。

（4）在 21 d 暴露条件下，β-硫丹各个暴露浓度组的雄性斑马鱼体内 Vtg 的含量与对照组比较是显著增加的，并且随着暴露浓度的增加而呈增大的趋势，表明 β-硫丹可以诱导雄鱼体内产生 Vtg，并且随着浓度的增加而增大。而雌鱼体内的 Vtg 含量并没有显著变化。而斑马鱼能够发生特异性结合的 Vtg 亚基分别约为 150 kDa、110 kDa 和 86 kDa，150 kDa 和 110 kDa 为主要蛋白带。随着暴露浓度的增加，斑马鱼血浆内蛋白条带的宽度和深度都随着增加。结果表明，在本书中，β-硫丹对斑马鱼表现出了内分泌干扰效应，既有生殖毒性又有雌激素效应，因此应对 β-硫丹的内分泌干扰特性进行深入研究。

5.2　有机磷农药对水生生态系统的影响

5.2.1　材料与方法

5.2.1.1　试验设计

供试农药：20%毒死蜱乳油。

试验生物：斑马鱼（*Brachydanio rerio*），平均体长（连尾）3.6 cm，平均体重约 0.22 g。青虾（*Macrobrachium nipponensis*）成虾，平均体长（连尾）5.18 cm，平均体重 2.04 g。中华绒螯蟹（*Eriocheir sinensis*）幼蟹，平均体长 4.6 cm，平均体重 19.0 g。三角帆蚌（*Hyriopsis cumingii*），平均体长 8.8 cm，平均体重约 45 g。在室内驯养一周后，置于试验鱼塘预养一周，期间受试生物生长正常。

模拟生态试验系统：由稻田、沟渠、鱼塘组成（图 5-5），其中稻田面积 10 m²（4 m×2.5 m），深 25 cm，内装水稻土 15 cm，稻田间水深 5 cm。稻田内每隔 50 cm 交错埋设玻璃隔板，排水时水流在玻璃板间迂回流动，以尽量接近田间水排放的实际状况。稻田一侧建有两个水塘（2.5 m×1 m×1.2 m），其一为处理塘、另一为对照塘。

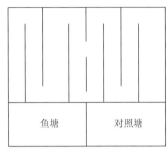

图 5-5　稻田-鱼塘模拟生态系统

试验前 1 个月左右，在稻田内按正常的种植方式种植水稻，并正常管理。试验前 1 周，两个水塘内各放置 2 个网箱，分别将鱼、虾、蟹、贝饲养在网箱内。喷药前 1 天将一组装有 20.0 g 太湖水稻土的培养皿（直径 12 cm），均匀放置于稻田中，共 36 个。

模拟系统中毒死蜱施药后分布及残留动态测定：毒死蜱田间推荐用药量为 600～720 g/hm²，即 40～48 g/亩，试验用量为 48 g/亩；试验小区面积 10 m²，加 20%毒死蜱乳油 3.6 mL（0.72 g/10 m²），兑水 750 mL（分二级稀释），均匀喷施。此后定期采集田间水、稻田土、鱼塘水，测定各环境介质中毒死蜱农药的含量。同时施药后 2 h，多点采集 5 穴水稻地上部分植株，称重、测定毒死蜱农药含量，根据株、行距，计算水稻地上部分生物量及农药黏附量。

水稻植株上黏附量测定：稻田施药后 2 h 采集有代表性的水稻植株地上部分 3 穴（自水面上剪下）称鲜重，同时测定其残留量。根据测定结果，求出毒死蜱在水稻上的黏附量与黏附率。

水体中残留量测定：在试验稻田中施药后定时采样，测定其残留动态。塘水中残留量测定从稻田排水开始，定期在 3 个观察点分别在水表 30 cm 下采集水样供测定用。

稻田土壤中残留量测定：施药前准备 36 个直径 13 cm 的培养皿，在每个培养皿中置 10 g（约 0.5 cm 厚）风干磨细的稻土，将培养皿轻放至田间水下的土表上。喷药后定期采 2 个培养皿，弃去皿中的水层，分析测定培养皿土壤中农药残留量。根据测定结果，按照培养皿面积与稻田面积推算出不同时期田土中毒死蜱沉积量。

5.2.1.2　分析方法

水样处理：量取 100 mL 水样置于 250 mL 分液漏斗中，加 30 mL×2 石油醚萃取，合并有机相，浓缩、定容至 5 mL，待 GC 测定。

土样处理：20.0 g 土壤样，分别加 30 mL、20 mL 丙酮振荡提取 2 次，过滤、转移至 150 mL 三角瓶中，经旋转蒸发仪浓缩除去丙酮后，加水 20 mL 后，30 mL×2 乙酸乙酯萃取，合并有机相，浓缩、定容至 5 mL，待 GC 测定。

GC 测定条件: Agilent 6890N 气相色谱仪, μ-ECD 检测器; 色谱柱 HPMS-5 30 m×0.25 mm× 2.65 μm; 汽化室 250℃, 柱温 150℃ (2 min) →250℃ (10℃/min, 5 min) →150℃ (0.50 min), 检测器 310℃; 载气 (N$_2$, 恒流) 2.0 mL/min; 分流比 50∶1, 进样 1 μL。毒死蜱色谱保留时间为 8.634 min。

5.2.1.3 模拟生态系统中毒死蜱对水生生物的影响

在模拟生态系统的处理与对照鱼塘中, 分别饲养 20 尾斑马鱼、20 只青虾、10 只中华绒螯蟹和 10 只三角帆蚌。施药后 24 h, 将田间水排入鱼塘 (1∶5), 定期观察其对鱼塘内各类水生生物的实际危害影响, 记录中毒症状、出现死亡时间、死亡状况。

5.2.2 结果与讨论

5.2.2.1 稻田-鱼塘模拟生态系统中毒死蜱的初始分布

施药 2 h 后测得水稻植株中毒死蜱含量为 34.51 mg/kg, 按当时水稻地上部分的生物量, 毒死蜱在水稻上的黏附量为 218 g/hm², 占施药量的 30.2%。田间水中毒死蜱初始含量为 0.321 mg/L, 稻田间水中毒死蜱的量为 460 g/hm², 占施药量的 64.0%。水稻植株与田间水中农药量达 94.2%, 由此表明, 毒死蜱施用后, 除少量漂移损失外, 主要残留于水稻植株与田间水中 (表 5-1)。

表 5-1 稻田-鱼塘模拟生态系统中毒死蜱的初始分布

用量	植株		田间水		田间水＋植株	
	含量/hm²	比例/%	含量/hm²	比例/%	含量/hm²	比例/%
720 g/hm²	218 g	30.2	460 g	64.0	678	94.2

5.2.2.2 稻田-鱼塘模拟生态系统中毒死蜱的动态变化

毒死蜱刚喷施完毕, 土壤中农药含量为 0.133 mg/kg, 田间水中达 0.921 mg/L, 由于土壤的吸附作用, 水相中的农药快速进入土壤中, 所以土壤中农药含量迅速增加, 而田间水中则较快下降, 至 12 h 土壤中毒死蜱沉积量最大, 达 6.25 mg/kg, 田间水中农药浓度下降至初始浓度的 1/8 左右。随后由于农药土壤与田间水中的降解作用及其在水-土两相间的不断重新分配, 土壤中毒死蜱残留量缓慢下降, 消解半衰期约 4.3 d, 田间水中消解速率较土壤中快, 24 h 后农药浓度为 68 μg/L, 消解半衰期约 1.4 d。施药 24 h 后, 将田间水排入鱼塘, 塘水中毒死蜱初始浓度达 6.5 μg/L, 消解速率较田间水慢, 半衰期约 4.5 d (图 5-6)。

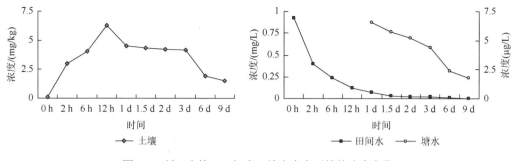

图 5-6　稻田土壤、田间水、塘水中毒死蜱的浓度变化

5.2.2.3　稻田-鱼塘模拟系统中毒死蜱对水生生物的影响

稻田施药 12 h 后，将田间水排入鱼塘，排水量相当于塘水容量的 1/5，观察养殖在塘内的鱼、蟹、贝类等水生生物的危害情况。结果表明，在模拟系统中，上述鱼、蟹、贝 3 种生物在处理塘与对照塘中，96 h 内均未出现明显的中毒、死亡状况，生物活动自如，状态良好。根据毒死蜱残留分析结果，塘中水农药浓度小于 10 μg/L，均小于其 LC_{50} 值，所以上述结果与室内毒性试验结果完全一致。毒死蜱稻田使用对鱼、蟹、贝类等水生生物的危害风险较小。

但网箱中的青虾出现明显的危害、死亡状况，由表 5-2 可知，排水 2 h 青虾开始出现死亡，至 8 h 死亡率达 40%，1 d 时死亡率达 80%，2 d 后全部死亡。毒死蜱乳油稻田使用对青虾具较大的危害风险性。

表 5-2　毒死蜱对水生生物死亡率的影响　　　　（单位：%）

生物时间/h	鱼		虾		蟹		贝	
	处理	对照	处理	对照	处理	对照	处理	对照
0	0	0	0	0	0	0	0	0
2	0	0	5	0	0	0	0	0
4	0	0	15	0	0	0	0	0
8	0	0	40	0	0	0	0	0
16	0	0	60	0	0	0	0	0
24	0	0	80	0	0	0	0	0
48	0	0	100	0	0	0	0	0
72	0	0	100	0	0	0	0	0
96	0	0	100	0	0	0	0	0

5.2.3　小结

毒死蜱农药施用后，其在稻田-鱼塘模拟生态系统中的初始分布为：水稻上毒死蜱的占施药量的 30.2%。田间水中毒死蜱占施药量的 64.0%。水稻植株与田间水中农药量达 94.2%，由此表明，毒死蜱施用后，除少量漂移损失外，主要残留于水稻植株与田间水中。

毒死蜱在土壤、田间水与塘水中的消解半衰期分别约为 4.3 d、1.4 d 和 4.5 d。施药 24 h 后，将田间水排入鱼塘，塘水中毒死蜱初始浓度达 6.5 μg/L。

稻田施药 12 h 后，将田间水排入鱼塘，排水量相当于塘水容量的 1/5，养殖在塘内的鱼、蟹、贝类等水生生物 96 h 内均未出现明显的中毒、死亡状况，生物活动自如，状态良好。但虾出现较为严重的危害症状，排水 2 h 青虾开始出现死亡，至 8 h 死亡率达 40%，1 d 时死亡率达 80%，2 d 后全部死亡。该结果与室内毒性试验结果基本吻合。

可见毒死蜱稻田使用对鱼、蟹、贝类等水生生物的危害风险较小，但对虾的危害风险较大。

5.3　菊酯类农药使用对水环境生态系统的影响

5.3.1　材料与方法

5.3.1.1　试验设计

供试农药：2.5%高效氯氟氰菊酯悬浮剂。

试验生物：斑马鱼（*Brachydanio rerio*），平均体长（连尾）3.5 cm，平均体重约 0.4 g；青虾（*Macrobrachium nipponensis*），平均体长（连尾）5.2 cm，平均体重约 2.1 g；中华绒螯蟹（*Eriocheir sinensis*），平均体长 14.6 cm，平均体重约 19 g，由江苏省南通市水产研究所苗种开发中心提供；三角帆蚌（*Hyriopsis cumingii*），平均体长 8.8 cm，平均体重约 45 g。

稻田-鱼塘模拟生态系统：模拟生态系统由小面积的模拟稻田-鱼塘构成（图 5-7），其中模拟稻田长 3.2 m、宽 0.6 m、深 0.5 m（填土 0.4 m）。稻田土采自苏南稻区，其基本理化性质为 pH6.5、有机质含量 2.04%、代换量 7.36（cmol（+）/kg）、质地 34.2%（<0.01 mm 黏粒）、容重 1.4 g/cm³。稻田间水层初始高度为 3 cm，田间用玻璃板交错隔开，使间水能在田间迂回流动，以延长田间水从稻田流入鱼塘的时间。稻田旁分别放置两个深 72 cm、宽 67.5 cm、高 72.5 cm 的玻璃鱼缸模拟鱼塘（容积约 352 L）。

模拟系统稻田中种植水稻，正常管理；鱼塘内加入一定量的底泥与水草，并分别饲养斑马鱼 20 条、青虾 20 只、三角帆蚌 20 只、中华绒螯蟹 20 只。

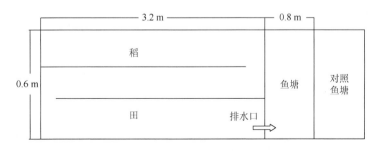

图 5-7　稻田-鱼塘模拟生态系统示意图

模拟试验设计：高效氯氟氰菊酯施药剂量均按照田间推荐用量 1.5 g/亩施用。喷药 12 h 后，用降雨器进行人工模拟降雨，降雨量为 20 mm，即每个模拟系统中降水量 38.4 L（1.92 m^2×0.02 m = 0.038 4 m^3）。降雨结束后，立即将 38.4 L 的田间水排入鱼塘，相当于排出 2 cm 深田间水，排水量与塘水的比例为 1∶5，即鱼塘中事先放 192 L 水。排水后，连续采集鱼塘水，测定鱼塘水体中菊酯残留动态；连续观察记录 0 h、2 h、4 h、8 h、16 h、24 h、48 h、72 h、96 h 时各类水生生物的中毒症状和死亡率。可以设一空白对照，暴露期为 96 h。

稻田-鱼塘大田生态系统：稻田-鱼塘大田生态系统由稻田、沟渠、鱼塘组成（图 5-8），其中稻田面积约 15.0 亩，鱼塘约 1.5 亩，稻田/鱼塘≈10/1。另设对照鱼塘，约 1.5 亩。稻田的灌排水均由鱼塘供给与接纳。

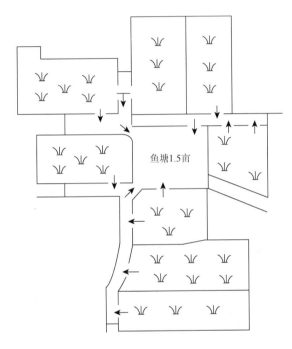

图 5-8　稻田-鱼塘大田生态系统示意图

1）大田生态系统中高效氯氟氰菊酯施用后分布及残留动态

稻田内按正常的种植方式种植水稻，并正常管理。试验前鱼塘内设 3 个观测采样点，在每个点中用网箱养殖各种供试水生生物，待网箱内的水生生物生长正常后，于 8 月初水稻生长茂盛期喷施 2.5%高效氯氟氰菊酯悬浮剂农药，施药量 1.5 g/亩。喷药时稻田田间水水深 5 cm，12 h 后模拟降雨，将田间水全部排入鱼塘，排水过程持续约 4 h。从施药后起采样测定稻田土壤与田间水中菊酯农药的残留动态；从稻田排水起测定 2.5%高效氯氟氰菊酯悬浮剂农药在鱼塘水及底泥中的残留动态。

水稻植株上黏附量测定：稻田施药后 2 h 采集有代表性的水稻植株地上部分 5 穴（自水面上剪下）称鲜重，同时测定其残留量。根据测定结果，求出农药在水稻上的黏附量与黏附率。

水体中残留量测定：在试验稻田中，作梗隔出约 4 m² 的小区，施药后不排水定时采样，测定其残留动态。塘水中残留量测定从稻田排水后开始，定期在 3 个观察点分别在水表 30 cm 下采集水样供测定用。

稻田土壤中残留量测定：施药前准备 36 个直径 9 cm 的培养皿，在每个培养皿中置 10 g 风干磨细的稻田土（约 0.5 cm 土层），将培养皿轻放至田间水下的土表上。喷药后定期采 3 个培养皿，弃去皿中的水层，分析测定培养皿土壤中农药残留量。根据测定结果，按照培养皿面积与稻田面积推算出不同时期田土中农药沉积量。

鱼塘底泥中残留量测定：按照稻田土壤的测定方法，先将加土培养皿（直径 12 cm，土壤 20 g）放在塑料篮中沉入塘底，稻田排水后定期取回测定。

2）大田生态系统中高效氯氟氰施用对水生生物的影响

从稻田排水时起，分别于 0 h、4 h、8 h、12 h 等不同时间在试验鱼塘采集水样，观察计数各类浮游动物的现存量的变化。鱼塘内设 3 个观测点，分别采集水表下 50 cm 水样，多点混合均匀后，取混合样。用 25 号浮游生物网过滤，浓缩，带回实验室在显微镜下计数测定各类浮游动物的现存量百分率。现存率的计算公式如下

$$现存率 = \frac{施药后某时刻浮游动物的数量(个/L)}{施药前浮游动物的数量(个/L)} \times 100\%$$

5.3.1.2 分析方法

植株高效氯氟氰菊酯黏附量测定：初始黏附量于施药后 2 h，采集水稻植株各 3 穴，称鲜重后贮于冰箱中，于 24 h 内测定植株中农药残留量。降雨后黏附量于降雨后 2 h，采集水稻植株各 3 穴，称鲜重后贮于冰箱中，于 24 h 内测定植株中农药残留量。采集植株样品时，样本自水面上剪取。根据残留量的测定结果，以及 3 穴水稻的鲜重推算求得每亩水稻植株的总鲜重，再求得菊酯农药在水稻植株上的总黏附量后，除以每亩的施药量，即为施药后菊酯农药在水稻植株上的黏附率。

高效氯氟氰菊酯样品提取：取水样 100 mL，加 30 mL 石油醚-丙酮（5:1）混合液提取 2 次，合并提取液，经旋转蒸发仪浓缩近干，用石油醚定容到 5 mL，待气相色谱测定。将所取土样，加适量无水硫酸钠碾磨干燥除去水分，转移至 250 mL 三角瓶中，定量加入 75 mL 丙酮，于 25℃、150 r/min 条件下振摇 30 min。静置，使之澄清。定量吸取上层清液，氮气吹干，加少量石油醚溶解，过 SPE 小柱净化，收集淋洗液，石油醚定容，待气相色谱测定。称取植株样 5 g（±0.01 g），加适量无水硫酸钠碾磨干燥去水。转入 250 mL 三角瓶中，定量加入 50 mL 丙酮，于 25℃、150 r/min 条件下振摇 30 min。静置，使之澄清。定量取上层清液，氮气吹干，加少量石油醚溶解，过 SPE 小柱净化，收集淋洗液，石油醚定容，待气相色谱测定。

高效氯氟氰菊酯色谱分析条件：仪器为 Agilent 6890N 气相色谱仪，μ-ECD 检测器。色谱柱为 HP-5MS 30 m×0.25 mm×2.65 μm。温度，汽化室 250℃，柱温 150℃（2 min）上升至 280℃（10℃/min，3 min），检测器 300℃。载气为氮气，恒流方式，2.0 mL/min。补充气为氮气，30.0 mL/min。进样量，分流进样 1 μL，分流比 10:1。

5.3.2　结果与讨论

5.3.2.1　稻田-鱼塘模拟生态系统中高效氯氟氰菊酯初始分布

施药后 2 h 测得水稻植株中高效氯氟氰菊酯含量为 436 μg/kg，按当时水稻地上部分的生物量，高效氯氟氰菊酯悬浮剂在水稻上的黏附量为 0.22 g/亩，占施药总量的 14.6%；田间水中的农药含量为 71.8 μg/L，稻田间水中菊酯的黏附量为 1.44 g/亩，占施药总量的 95.7%。由此表明，高效氯氟氰菊酯悬浮剂农药施用后，主要残留于田间水和水稻植株中（表 5-3）。

表 5-3　稻田-鱼塘模拟生态系统中高效氯氟氰菊酯悬浮剂的初始分布

用量	植株		田间水		田间水 + 植株	
	残留量	比例/%	残留浓度	比例/%	含量	比例/%
1.5 g/亩	0.22 g/亩	14.6	1.44 g/亩	95.7	1.66 g/亩	110.3

施药后每隔一定时间采集稻田间水样，测定水体中的农药残留量，分析其在田间水中的消解动态。高效氯氟氰菊酯施于稻田后，一部分药液黏附于水稻植株上，一部分落至稻田间水中。由于施药后短时间内仍然有植株上的药液滴落至田间水中，因此在最初的几个小时内，田间水中高效氯氟氰菊酯的消解并不明显，而且浓度略有上升，但当植株中的药液不再滴落至田间水后，高效氯氟氰菊酯在稻田间水中就显现出较快的消解速率。水体中的农药的消解速率一方面取决于农药自身在水体中的消解，另一方面受水体中悬浮物与土壤吸附的影响。高效氯氟氰菊酯为脂溶性农药，其在水中的溶解度很小，进入田间水后，可被水体中的悬浮有机颗粒物和稻田土壤强烈吸附。因此，12 h 内农药浓度迅速下降，消解率达 92.5%（图 5-9）。

稻田间水体中的农药浓度消解趋势符合一级动力学方程 $C_t = 48.10e^{-0.1251t}$，相关系数 $r = 0.962$，消解速率常数为 0.1251 h^{-1}，消解半衰期为 5.5 h。

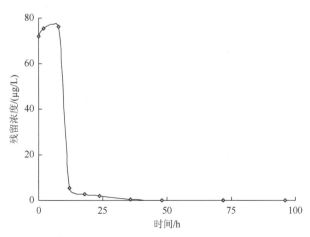

图 5-9　田间水中高效氯氟氰菊脂悬浮剂残留浓度变化

　　从施药后 2 h 起，每隔一段时间采集土壤样品，分析土壤中的菊酯残留量。稻田土壤中农药残留量随时间的变化包括两个方面，一方面随土壤对水体中农药的吸附作用，土壤中农药残留逐渐增加；另一方面由于农药在土壤中的消解作用，残留量下降。

　　稻田土壤中的残留分析结果表明稻田土壤对水体中的高效氯氟氰菊酯有较强的吸附能力，2 h 时土壤中已能检测到较高浓度的农药残留，为 109 μg/kg，至 12 h 达最高浓度 246 μg/kg。而后土壤中的高效氯氟氰菊酯残留随着水体中农药吸附量的减少和土壤消解作用，残留浓度开始降低，12 d 后消解率为 89%（图 5-10）。

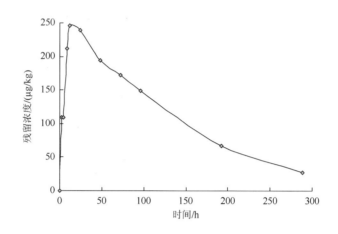

图 5-10　田土中高效氯氟氰菊酯悬浮剂的消解动态

　　土壤对水体中的高效氯氟氰菊酯有很强的吸附性能，但高效氯氟氰菊酯在土壤中的消解相对较慢。以土壤中达到最高浓度的时刻开始，计算土壤中高效氯氟氰菊酯的消解半衰期，高效氯氟氰菊酯在土壤中的消解趋势符合一级动力学方程：$C_t = 266.5\mathrm{e}^{-0.008\,t}$，相关系数 $r = 0.997$，消解速率常数为 0.008 h^{-1}，消解半衰期为 86.6 h。

　　塘水中的农药残留主要为田间水由于降水后流入的，与稻田环境不同，池塘容量更大，水体较深，水体中农药被底泥吸附作用较弱；而且与田间水比较，塘水中的悬浮有机物较少，所以吸附作用较稻田间水体弱，消解途径主要是农药本身的消解。鱼塘水体中农药初始浓度较低，仅为 0.31 μg/L，其在塘水中的消解比田间水中略慢，36 h 后，消解率达 90%。图 5-11 为高效氯氟氰菊酯悬浮剂在鱼塘水体中的消解动态曲线，农药在塘水中的消解符合一级动力学方程：$C_t = 0.241\,1\mathrm{e}^{-0.047\,2\,t}$，相关系数 $r = 0.963$，消解速率常数为 0.047 2 h^{-1}，消解半衰期为 14.7 h。

　　高效氯氟氰菊酯农药以喷雾的形式施药于稻田中，水稻植株上会黏附一定量的药液，施药后初始黏附量为 436 μg/kg，模拟降雨（12 h）后，植株上的黏附量为 130 μg/kg。高效氯氟氰菊酯在植株上有一定的黏附量，黏附率为 14.6%，在 12 h 模拟降雨后，黏附在植株上的高效氯氟氰菊酯经消解和雨水冲淋作用，仅有初始黏附量的 30%留在植株上。

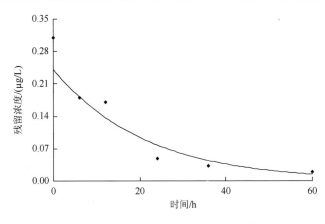

图 5-11　鱼塘水体中高效氯氟氰菊酯悬浮剂的消解动态

5.3.2.2　高效氯氟氰菊酯悬浮剂对鱼塘中水生生物的影响

农药施用后，12 h 后人工模拟降雨，稻田间水进入邻近鱼塘，研究农药使用后对水生生物影响。结果表明，2.5%高效氯氟氰菊酯悬浮剂对供试生物的危害存在较大差异（表 5-4）。

青虾表现最敏感，稻田排水后，饲养于周围鱼塘中的青虾中毒症状为：0 h 时撑足抬头、静伏不动，2 h 时窜动、腾跃、勾尾侧身、翕动泳足死亡，到 4 h 时青虾已全部死亡。中华绒螯蟹的中毒症状为：2 h 时蜷足侧立、静伏水底，4 h 时撑足隆身、少数腹部朝上挥动足肢死亡，24 h 后未死亡个体全部恢复正常。田间水排入模拟鱼塘后，斑马鱼的中毒症状表现为：0 h 时来回急速游动、鳃部有充血，8 h 时体内出现瘀血现象，24 h 时逐渐恢复正常；试验期间，斑马鱼没有出现死亡现象。在 4 种供试生物中，三角帆蚌对 2.5%高效氯氟氰菊酯悬浮剂最不敏感，试验过程中，对照组与处理组的三角帆蚌均未出现任何中毒症状，也无死亡现象。

表 5-4　模拟系统中 2.5%高效氯氟氰菊酯悬浮剂施用对水生生物影响

时间	青虾		中华绒螯蟹		斑马鱼		三角帆蚌	
	死亡数	死亡率/%	死亡数	死亡率/%	死亡数	死亡率/%	死亡数	死亡率/%
0 h	0	0	0	0	0	0	0	0
2 h	17	85	0	0	0	0	0	0
4 h	20	100	0	0	0	0	0	0
8 h			1	5	0	0	0	0
16 h			1	5	0	0	0	0
24 h			1	5	0	0	0	0
48 h			2	10	0	0	0	0
72 h			2	10	0	0	0	0
96 h			2	10	0	0	0	0

人工模拟降雨后，分别于 24 h、48 h、72 h、96 h 取 1 L 田间水放入一系列玻璃缸中，以模拟不同的排水时间，其中每个玻璃缸中事先放 5 L 水（即田间水∶塘水 = 1∶5）、预养 10 只青虾，排水后分别观测记录 0 h、2 h、4 h、8 h、16 h、24 h、48 h 青虾的死亡率，见表 5-5。在模拟系统中施用 2.5%高效氯氟氰菊酯悬浮剂后，至 48 h 排水时，还是对青虾有很大的风险，排水 8 h 的死亡率达到 50%，48 h 的死亡率达到 100%；72 h 排水时，对青虾仍有一定的影响，排水 24 h 的死亡率为 20%；96 h 排水时，对青虾基本无影响（表 5-5）。

表 5-5　2.5%高效氯氟氰菊酯悬浮剂施用后不同时间排水对青虾的影响

观测时间	24 h 排水		48 h 排水		72 h 排水		96 h 排水	
	死亡数	死亡率/%	死亡数	死亡率/%	死亡数	死亡率/%	死亡数	死亡率/%
0 h	0	0	0	0	0	0	0	0
2 h	0	0	0	0	0	0	0	0
4 h	1	10	0	0	0	0	0	0
8 h	5	50	2	10	0	0	0	0
16 h	7	70	6	60	1	10	0	0
24 h	9	90	9	90	2	20	0	0
48 h	10	100	10	100	2	20	0	0

所以在模拟系统中施用高效氯氟氰菊酯后排水对青虾危害较大，24 h 排水死亡率达100%；72 h 排水对青虾仍有一定的影响；96 h 排水对青虾无明显影响。

1）稻田-鱼塘生态系统中高效氯氟氰菊酯的初始分布

施药 2 h 后测得水稻植株中 2.5%高效氯氟氰菊酯悬浮剂含量为 653 μg/kg，按当时水稻地上部分的生物量，农药在水稻植株上的黏附量为 0.85 g/亩，占施药总量的 56.6%。田间水中初始浓度达 13.6 μg/L，2.5%高效氯氟氰菊酯悬浮剂量为 0.45 g/亩，占施药总量的30.1%。由此表明，2.5%高效氯氟氰菊酯悬浮剂施用后，约 56.6%的农药黏附在植株上，30.1%进入稻田间水体中（表 5-6）。

表 5-6　稻田-鱼塘生态系统中高效氯氟氰菊酯的初始分布

用量	植株		田间水		田间水 + 植株	
	残留量	比例	残留量	比例	含量	比例
1.5 g/亩	0.85 g/亩	56.6%	0.45 g/亩	30.1%	1.30 g/亩	86.7%

施药后，每隔一定时间采集稻田间水，分析其中的 2.5%高效氯氟氰菊酯悬浮剂残留浓度，结果如表 5-6 所示。稻田间水中 2.5%高效氯氟氰菊酯悬浮剂的初始浓度为 13.6 μg/L，0~4 h 内，田间水中残留浓度变化不大，4~8 h 后浓度迅速下降，以后下降速率趋缓，至36 h 消解率达 90%以上（图 5-12）。

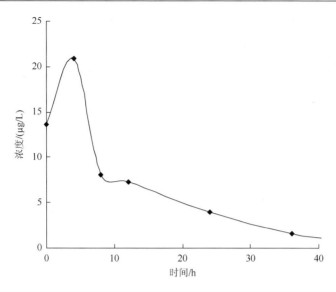

图 5-12　稻田间水中高效氯氟氰菊酯的消解动态

　　2.5%高效氯氟氰菊酯悬浮剂在稻田间水体中的消解规律符合一级动态方程：$C_t = 15.07e^{-0.064\,5\,t}$，相关系数为 0.961，消解速率常数为 0.064 5 h^{-1}，消解半衰期为 10.8 h。

　　试验过程中，从施药后起，每隔一段时间采集土壤样品，分析土壤中的农药残留浓度，结果如表 5-7 所示。稻田土壤中农药残留量随时间的变化包括两个方面，一方面随土壤对水体中农药的吸附作用，土壤中农药残留逐渐增加；另一方面由于农药在土壤中的消解作用，残留量下降。

表 5-7　稻田土壤中 2.5%高效氯氟氰菊酯悬浮剂残留动态

时间/h	0	2	4	8	12	24	36	48
残留浓度/(μg/kg)	0	62.3	166	242	258	310	316	245
时间/h	72	96	120	144	168	192	240	360
残留浓度/(μg/kg)	221	166	154	153	118	89.3	57.0	24.7

　　稻田土壤对水体中的 2.5%高效氯氟氰菊酯悬浮剂有较强的吸附能力，2 h 后土壤中已经能检测到较高的残留浓度 62.3 μg/kg，36 h 左右达最大值，为 316 μg/kg。随着 2.5%高效氯氟氰菊酯悬浮剂吸附量的减少及其消解作用，土壤中农药残留浓度随之降低。在达到最高浓度后逐渐消解，15 d 后消解率达 90%以上。

　　与模拟试验相似，稻田土壤对 2.5%高效氯氟氰菊酯悬浮剂具有较强的吸附能力，施药后土壤中的农药残留量逐渐上升，至 36 h 时达最大值，然后逐渐下降，其消解速率比模拟试验慢。从土壤中达到最高浓度的时刻起，计算土壤中 2.5%高效氯氟氰菊酯悬浮剂的消解半衰期，结果如图 5-13 所示。2.5%高效氯氟氰菊酯悬浮剂在稻田土壤中的消解趋势符合一级方程：$C_t = 294.9e^{-0.007\,6\,t}$，相关系数为 0.972，消解速率常数为 0.007 6 h^{-1}，消解半衰期为 91.2 h。

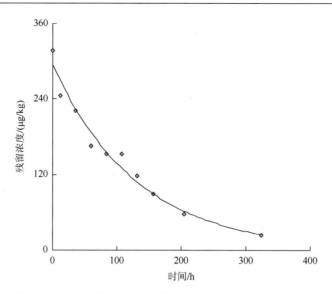

图 5-13　稻田土壤中 2.5%高效氯氟氰菊酯悬浮剂消解半衰期

　　自然鱼塘中的塘水较为混浊，悬浮物质多，塘水中的 2.5%高效氯氟氰菊酯悬浮剂很容易被其中的悬浮物质吸附并沉于塘底，从排水时间开始，每隔一定时间采集鱼塘底泥，测定其中的 2.5%高效氯氟氰菊酯悬浮剂残留（图 5-14）。与稻田土壤相似，底泥中 2.5%高效氯氟氰菊酯悬浮剂残留量由于吸附作用逐渐增加，至 24 h 左右达到最高浓度，然后缓慢消解而下降，9 d 后残留量约为最大值的 30%。

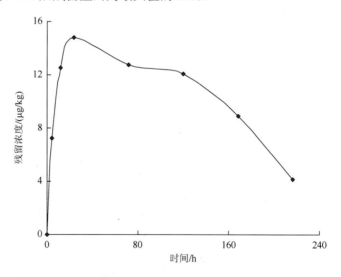

图 5-14　鱼塘底泥 2.5%高效氯氟氰菊酯悬浮剂的消解动态

　　鱼塘水中的菊酯残留主要是稻田排水后流入的，不同时间采样测定鱼塘水体中 2.5%高效氯氟氰菊酯悬浮剂残留浓度。鱼塘水体中农药初始浓度为 0.97 μg/L，其消解趋势符合一级动力学方程：$C_t = 0.746e^{-0.177\,1\,t}$，相关系数为 0.944，消解速率常数为 0.177 1 h^{-1}，消解半衰期为 3.9 h（图 5-15）。

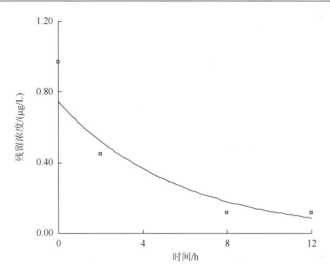

图 5-15　鱼塘水体中 2.5%高效氯氟氰菊酯悬浮剂的残留动态

2）稻田-鱼塘生态系统中高效氯氟氰菊酯对水生生物的影响

试验过程中对照鱼塘网箱中的水生生物均生长正常，无一死亡。稻田施用 2.5%高效氯氟氰菊酯悬浮剂后，12 h 排水对青虾存在一定的风险，观测期内最高死亡率为 20%；对斑马鱼、中华绒螯蟹及三角帆蚌安全，均无死亡（表 5-8）。

表 5-8　稻田-鱼塘生态系统中 2.5%高效氯氟氰菊酯施用对水生生物死亡率的影响（单位：%）

时间	斑马鱼			青虾			中华绒螯蟹			三角帆蚌		
	对照	网箱 1	网箱 2	对照	网箱 1	网箱 2	对照	网箱 1	网箱 2	对照	网箱 1	网箱 2
0 h	0	0	0	0	0	0	0	0	0	0	0	0
20 h	0	0	0	0	10	10	0	0	0	0	0	0
30 h	0	0	0	0	10	20	0	0	0	0	0	0
46 h	0	0	0	0	10	20	0	0	0	0	0	0
82 h	0	0	0	0	10	20	0	0	0	0	0	0

鱼塘中有机质丰富，枝角类、桡足类、轮虫、原生动物等浮游动物繁多，是水生食物链中重要的一环。其中枝角类对毒物敏感，已被确定为国际标准实验动物之一，用以监测水质污染状况，评价化学品的毒性（图 5-16）。

试验鱼塘与对照鱼塘水质相同，浮游动物种类、数量基本一致。稻田施药 12 h 后，将稻田间水排入试验鱼塘。试验鱼塘中浮游动物现存量平均变化情况见图 5-16。从图中可以看出，2.5%高效氯氟氰菊酯悬浮剂对鱼塘内的各种浮游动物均存在不同程度的影响，在 0~32 h 内，三类浮游动物的现存率均呈现不同程度的下降趋势，约 14 d 后恢复到正常水平。不同种类的浮游动物对 2.5%高效氯氟氰菊酯悬浮剂的敏感性也各不相同，其敏感性顺序为：枝角类＞轮虫＞原生动物。

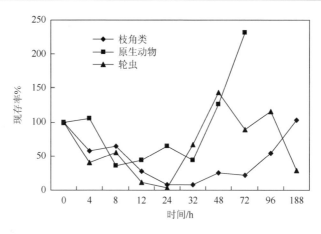

图 5-16　2.5%高效氯氟氰菊酯悬浮剂施用对浮游动物的影响

在稻田-鱼塘生态系统中，菊酯农药对水生生物的危害影响比在模拟生态系统中的危害影响要轻，在正常控制使用条件下，菊酯农药在稻田使用对水生生物是安全的。

5.3.3　小结

2.5%高效氯氟氰菊酯悬浮剂喷施于稻田后，约 14.6%的药剂黏附在水稻植株上，其余大部分进入稻田间水体中。稻田间水体中的高效氯氟氰菊酯由于悬浮颗粒物与土壤的吸附作用和自身的消解作用，消解速率很快，12 h 时，模拟降雨前，水体中农药浓度已由初始的 71.8 μg/L 下降至 5.4 μg/L，消解率达 92.5%。稻田间水体中农药的消解动态符合一级动力学方程：$C_t = 48.10e^{-0.125\,1\,t}$，相关系数 $r = 0.962$，消解速率常数为 0.125 1 h^{-1}，消解半衰期为 5.5 h。

由于土壤对水体中农药的吸附作用，田土中高效氯氟氰菊酯残留浓度急速上升，12 h 内达最高浓度，为 246 μg/kg。此后土壤中高效氯氟氰菊酯残留浓度开始下降，其消解符合一级动力学方程：$C_t = 266.5e^{-0.008\,t}$，相关系数 0.997，消解速率常数为 0.008 h^{-1}，消解半衰期为 86.6 h。鱼塘水体中的初始浓度为 0.31 μg/L，高效氯氟氰菊酯在水体中的消解比田间水慢，在塘水中的消解方程：$C_t = 0.241\,1e^{-0.047\,2\,t}$，相关系数为 0.963，消解速率常数为 0.047 2 h^{-1}，消解半衰期为 14.7 h。施药后，黏附在植株上的高效氯氟氰菊酯浓度为 436 μg/kg，模拟降雨（12 h）后，黏附在植株上的高效氯氟氰菊酯经消解和雨水冲淋作用，残留浓度为 130 μg/kg，约初始黏附量的 30%黏附于植株上。

在模拟系统中施用高效氯氟氰菊酯后排水对青虾危害较大，施药后 24 h 排水死亡率达 100%；72 h 排水对青虾仍有一定的影响；96 h 排水对青虾无明显影响。

2.5%高效氯氟氰菊酯悬浮剂施用后，其在稻田-鱼塘生态系统中的初始分布为：植株上黏附施药量约为 0.85g/亩，占施药总量的 56.6%，田间水中占施药量的 30.1%，两者总和为 86.7%。农药施用后，除少量漂移损失外，主要残留于水稻植株和田间水中。

2.5%高效氯氟氰菊酯悬浮剂在施药后 12 h 时，消解率为 46.8%，其在稻田间水体中的消解半衰期为 10.8 h。由于土壤的吸附作用，农药在田间水中消解较快，而土壤中 2.5%

高效氯氟氰菊酯悬浮剂浓度增加，36 h 后达到最大值，为 316 µg/kg。吸附在土壤中的 2.5%
高效氯氟氰菊酯悬浮剂消解较慢，半衰期为 91.2 h。

施药 12 h 后，将田间水排入鱼塘，塘水中 2.5%高效氯氟氰菊酯悬浮剂初始浓度为
0.97 µg/L。由于鱼塘底泥对 2.5%高效氯氟氰菊酯悬浮剂的吸附作用，塘水中农药消解较
快，消解半衰期为 3.9 h。由此，底泥中的 2.5%高效氯氟氰菊酯悬浮剂浓度逐渐增加，
于 24 h 后达到最高浓度。

在稻田-鱼塘生态系统中，稻田施用 2.5%高效氯氟氰菊酯悬浮剂，12 h 排水对青虾存
在一定的风险，观测期内最高死亡率为 20%；对斑马鱼、中华绒螯蟹、三角帆蚌安全，
均无死亡。稻田施用 2.5%高效氯氟氰菊酯悬浮剂后，在 0～32 h 内，三类浮游动物的现
存率均呈现不同程度的下降趋势，约 14 d 后恢复到正常水平。

5.4　生物农药对水生生态系统的影响

5.4.1　材料与方法

5.4.1.1　试验设计

供试农药：阿维菌素乳油，含量 1.8%；农药标样为阿维菌素原药，纯度 92%。

试验生物：斑马鱼（*Brachydanio rerio*），平均体长（连尾）3.6 cm，平均体重约 0.22 g。
青虾（*Macrobrachium nipponensis*）成虾，平均体长（连尾）5.18 cm，平均体重 2.04 g。
中华绒螯蟹（*Eriocheir sinensis*）幼蟹，平均体长 4.6 cm，平均体重 19.0 g。圆背角无齿蚌
（*Anodonta woodiana pacifica* Heude）幼蚌，平均体长 1.0 cm，平均体重 1.0 g。在室内驯
养一周后，置于试验鱼塘预养一周，期间受试生物生长正常。

1）模拟生态试验系统

同毒死蜱模拟生态试验系统。阿维菌素田间推荐用药量为 3～6 g/hm²，即 0.2～0.4 g/亩，
本书用量采用倍量 0.8 g/亩。根据试验小区面积 10 m²，加 1.8%阿维菌素乳油 0.67 mL
（0.012 g/10 m²），兑水 750 mL（分二级稀释），均匀喷施。此后定期采集田间水、稻田
土、鱼塘水，测定各环境介质中阿维菌素的含量。施药后 2 h，多点采集 5 穴水稻地上
部分植株，称重、测定阿维菌素含量，根据株、行距，计算水稻地上部分生物量及农
药黏附量。

模拟生态系统中阿维菌素施用对水生生物影响：在模拟生态系统的处理与对照鱼塘
中，分别饲养 20 尾斑马鱼、20 只青虾、10 只中华绒螯蟹和 10 只圆背角无齿蚌。施药后
12 h，将田间水排入鱼塘（1:5），定期观察其对鱼塘内各类水生生物的实际危害影响，
记录中毒症状、出现死亡时间、死亡状况。

2）大田试验系统

选择有代表性的稻田-鱼塘生态系统，稻田-鱼塘生态系统由稻田、沟渠、鱼塘组
成（图 5-17），其中稻田面积约 15 亩，鱼塘约 1.5 亩，稻田、鱼塘面积比约 10:1。

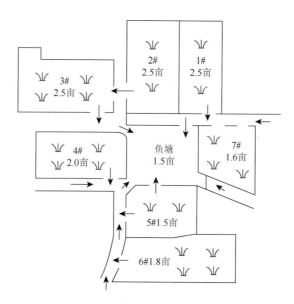

图 5-17　稻田-鱼塘大田生态系统示意图

稻田内按正常的种植方式种植水稻，并正常管理。试验前鱼塘内设观测采样点 2 组，在每个点中用网箱养殖各种供试水生生物，待网箱内的水生生物生长正常后，于 8 月初水稻生长茂盛期进行试验。

（1）大田生态系统中阿维菌素施用后分布及残留动态。待网箱内的水生生物生长正常后，于 8 月初水稻生长茂盛期在稻田内喷施阿维菌素农药，施药量为推荐用量的 2 倍，0.8 g/亩，根据试验稻田面积 10~15 亩，加 1.8%阿维菌素 0.8 g/亩（44.4 mL/亩），兑水 30 kg，均匀喷施。喷药前 1 d 将 1 组装有 15.0 g 太湖水稻土的培养皿（9 cm），均匀放置于稻田中，共 36 个；1 组装有 20.0 g 太湖水稻土的培养皿（12 cm），置于鱼塘底部，模拟鱼塘底泥，共 12 个。喷药时，田间水深 5 cm，12 h 后将田间水全部排入鱼塘。

从施药后 0 h 起采样测定稻田土壤与田间水中阿维菌素农药的残留动态；从稻田排水起测定阿维菌素农药在鱼塘水及底泥中的残留动态。

施药后 2 h，多点采集 5 穴水稻地上部分植株，称重、测定阿维菌素含量，根据株、行距，计算水稻地上部分生物量及农药黏附量。

（2）大田生态系统中阿维菌素施用对水生生物的影响。在大田生态系统的处理与对照鱼塘中，分别设置 3 个观测点、不同生物的处理组，依次饲养 10 尾斑马鱼、20 只青虾、10 只中华绒螯蟹和 10 只圆背角无齿蚌。施药后 12 h，将田间水排入鱼塘（1∶5），定期观测鱼塘内各类水生生物的实际危害影响，记录中毒症状、出现死亡时间、死亡状况。

从稻田排水时起，分别于 0 h、4 h、12 h、24 h、2 d、3 d、4 d、5 d、14 d 等不同时间采集鱼塘水样，观察计数各类浮游动物的现存量的变化。在 3 个观测点处，采集水表下 50 cm 水样，多点混合均匀后，取混合样 4 L。用 25 号浮游生物网过滤、浓缩，在显微镜下计数测定各类浮游动物的数量，求出现存率。现存率的计算公式如下。

$$现存率 = \frac{施药后某时刻浮游动物的数量(个 / L)}{施药前浮游动物的数量(个 / L)} \times 100\%$$

5.4.1.2 分析方法

水样处理：量取 100 mL 水样，呈滴状过经甲醇活化、水预淋洗的 C18 小柱。甲醇淋洗，弃去前 1 mL 淋洗液，收集后 5 mL 洗脱液，浓缩、定容至 2 mL，待 HPLC 测定。

土样处理：20.0 g 土样，分别加 30 mL、20 mL 丙酮振荡提取 2 次，过滤、转移至 250 mL 分液漏斗中，加水 20 mL 后，用 30 mL、20 mL 重蒸二氯甲烷萃取，合并萃取液，旋转蒸发浓缩至干，加甲醇溶解。过 C18 小柱，浓缩定容后，待 HPLC 测定。

HPLC 测定条件：Waters 液相色谱仪，紫外检测器，检测波长 254 nm；SB-C18 分离柱（Agilent）；流动相为甲醇-水（90∶10）混合液，流速 1 mL/min。阿维菌素色谱保留时间为 8.40 min。

1）标准溶液配制与衍生化

准确称取 0.010 7 g 阿维菌素原药于 100 mL 烧杯中，加适量乙腈溶解，转移至 100 mL 容量瓶中，乙腈定容，得 100 mg/L 阿维菌素标准储备液。阿维菌素标准工作溶液由上述标准储备液用乙腈逐级稀释制得。衍生化试剂 A：N-甲基咪唑（NMIM）+ 乙腈（3∶7），现配现用；衍生化试剂 B：三氟乙酸酐（TFAA）+ 乙腈（3∶7），现配现用。在避光、室温环境条件下，在装有 0.5 mL 乙腈溶解的待衍生化样品或标样的试管中，先后分别加入 0.25 mL 衍生试剂 A 和 0.25 mL 衍生试剂 B，立即盖紧，旋涡振荡混匀。反应 30 min 后，加 1 mL 甲醇混匀，反应液过 0.45 μm 滤膜后进行 HPLC-FD 测定。

2）色谱分析条件

Waters 液相色谱仪，荧光检测器；检测波长：荧光激发波长 365 nm，发射波长 475 nm；色谱柱：C18 柱；流动相：甲醇∶水 = 90∶10，流速为 1 mL/min。

上述条件下阿维菌素保留时间为 13.40 min。

仪器设备：Waters 510/486 液相色谱仪，486 紫外检测器；HZQ-F 全温度振荡器；RS-20Ⅲ 高速离心机；N-1001 旋转蒸发仪。

主要试剂：丙酮、二氯甲烷、氯化钠、无水硫酸钠、三乙胺等均为分析纯，甲醇为色谱/光谱纯。

5.4.2 结果与讨论

5.4.2.1 稻田-鱼塘模拟生态系统中阿维菌素初始分布

施药 2 h 后测得水稻植株中阿维菌素含量为 0.180 mg/kg，按当时水稻地上部分的生物量，阿维菌素在水稻上的黏附量为 1.14 g/hm²，占施药量的 9.5%。此时土壤中阿维菌素浓度较低，小于 1 μg/kg。田间水中初始浓度为 2.60 g/hm²，占施药量的 21.7%。阿维菌素施用后，沉积在水稻植株与稻田间水中的农药量仅占施用量的 31.2%（表 5-9）。由此表明，阿维菌素施用后，除植株黏附与直接进入田间水中及部分漂移外，还有较大一部分农药可能被吸附在植株根部。

表 5-9　模拟生态系统中阿维菌素初始分布

用量	植株		田间水		土壤		合计	
	含量/(g/hm²)	比例/%	含量/(g/hm²)	比例/%	含量/(g/hm²)	比例/%	含量/(g/hm²)	比例/%
12 g/hm²	1.14 g	9.5	2.60	21.7	<0.1	—	3.74	31.2

5.4.2.2　稻田-鱼塘模拟生态系统中阿维菌素的动态变化

试验结果如图 5-18 所示。阿维菌素施用后初期，土壤中农药含量逐渐增加，6 h 后阿维菌素沉积量增加至 35 μg/kg，远远大于通过吸附田间水中的农药累积量。由此进一步证实有较大一部分农药吸附在植株根部，随后逐渐扩散迁移进入土壤中。其后土壤中农药浓度逐渐下降，24 h 后约为最大浓度的 1/7。阿维菌素在土壤中消解速率较快，消解半衰期约 7 h。田间水中阿维菌素初始浓度为 5.2 μg/L，其在田间水中的消解速率也较快，24 h 后浓度小于 1 μg/L，消解半衰期约为 4 h。施药 12 h 后，将田间水排入鱼塘中，塘水中阿维菌素浓度均小于 0.5 μg/L。

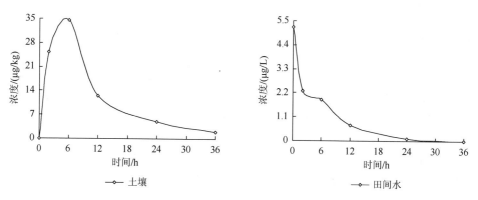

图 5-18　稻田土壤、田间水中阿维菌素浓度变化

5.4.2.3　稻田-鱼塘模拟生态系统中阿维菌素对水生生物的影响

稻田施药 12 h 后，将田间水排入鱼塘，排水量相当于塘水容量的 1/5，观察养殖在塘内的鱼、虾、蟹、贝类等水生生物的危害情况。在模拟系统中，上述 4 种生物在处理塘与对照塘中，96 h 内均未出现明显的中毒、死亡状况，生物活动自如，状态良好。

上述初步结果显示，阿维菌素稻田使用对水生生物的危害风险较小，正常使用，对邻近鱼塘养殖的鱼、虾、蟹、贝类等不会出现明显的危害影响，但应注意其对浮游生物的影响。

5.4.2.4　稻田-鱼塘生态系统中阿维菌素的初始分布

施药 2 h 后测得水稻植株中阿维菌素含量为 0.24 mg/kg，按当时水稻地上部分的生物量，阿维菌素在水稻上的黏附量为 1.52 g/hm²，占施药量的 12.6%。此时土壤中阿维菌素浓度较低，小于 1 μg/kg。田间水中初始浓度为 4.48 g/hm²，占施药量的 37.4%。阿维菌素施用后，沉积在水稻植株与稻田间水中的农药量占施用量的 50%（表 5-10）。由此表明，阿维菌素施用后，除植株黏附与直接进入田间水中及部分漂移外，还有一部分农药可能被吸附在植株根部，该结果与模拟试验结果基本一致。

表 5-10　稻田-鱼塘生态系统中阿维菌素的初始分布

用量	植株		田间水		土壤		合计	
	含量/(g/hm²)	比例/%	含量/(g/hm²)	比例/%	含量/(g/hm²)	比例/%	含量/(g/hm²)	比例/%
12 g/hm²	1.52 g	12.6	4.48	37.4	<0.1	—	6.00	50.0

本书表明（图 5-19），阿维菌素施用后初期，土壤中农药含量逐渐增加，4 h 后阿维菌素沉积量最大，达 26.5 μg/kg，与模拟试验结果相似，远远大于通过吸附田间水中的农药累积量。由此进一步证实有较大一部分农药吸附在植株根部，随后逐渐扩散迁移进入土壤中。其后土壤中阿维菌素浓度逐渐下降，24 h 后约为最大浓度的 40%。阿维菌素在土壤中消解速率较快，消解半衰期约为 15.3 h。田间水中阿维菌素初始浓度为 8.96 μg/L，其在田间水中的消解速率也较快，24 h 后浓度小于 1 μg/L，消解半衰期约为 3.6 h。施药 12 h 后，将田间水排入鱼塘，塘水中阿维菌素浓度≤0.5 μg/L；鱼塘底泥中均未检出阿维菌素。

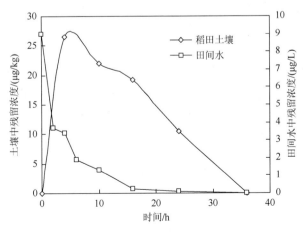

图 5-19　稻田土壤、田间水中阿维菌素的浓度变化

5.4.2.5　阿维菌素对鱼塘中水生生物的影响

稻田施药 12 h 后，将田间水排入鱼塘，排水量相当于塘水容量的 1/5，观测养殖在塘内的鱼、虾、蟹、贝类等水生生物的受危害情况。表 5-11 表明，上述 4 种生物在处理塘与对照塘中，96 h 内生长基本正常，其存活状况相似，个别生物死亡由其他因素引起，非农药中毒影响所致。

阿维菌素稻田使用对水生生物的危害风险较小，但在使用过程中，仍需要注意对鱼、虾养殖鱼塘的保护。正常使用不会对邻近鱼塘的水生生物造成较大的危害影响。

表 5-11　阿维菌素对水生生物死亡量的影响

时间/h	鱼		虾		蟹		贝	
	处理	对照	处理	对照	处理	对照	处理	对照
0	0	0	0	0	0	0	0	0
8	0	0	0	0	0	0	0	0
24	0	0	0	0	0	0	0	0
48	0	0	0	0	0	0	0	0
72	1	1	1	1	0	0	0	0
96	2	2	1	2	0*	0	0	0

注：*有 2 只出现脱壳

浮游动物是水生生物的重要组成部分，淡水浮游动物主要包括原生动物、轮虫、枝角类和桡足类四大类群。原生动物是单细胞动物，主要通过细胞膜直接与环境接触，对环境变化比较敏感。轮虫是一类体型很小的多细胞动物，种类繁多，具有生命力强、繁殖迅速和容易培养等特点，常用作实验水生动物。枝角类和桡足类都是小型甲壳动物，是淡水浮游动物的重要组成部分，其中枝角类对毒物敏感，是监测水质污染状况国际标准实验动物之一。

试验结果表明：鱼塘中浮游动物，枝角类主要有水溞（*Daphnia magna*）、秀体溞（*Diaphanosoma*）；桡足类主要有镖水蚤（*Diaptomus*）、剑水蚤（*Cyclopoidea*）；轮虫主要有水轮虫（*Epiphanessenta*）、旋轮虫（*Philodina citrina*）、臂尾轮虫（*Brachionus*）；原生动物主要有变形虫（*Amoeba* sp.）、草履虫（*Paramaecium*）、棘尾虫（*Stylonychia*）。

不同采样时段鱼塘中枝角类、桡足类、轮虫、原生动物的数量及现存率测定结果如表 5-12 所示。

阿维菌素稻田使用对水生生物的危害风险较小，但在使用过程中，仍需要注意对鱼、虾养殖鱼塘的保护。正常使用不会对邻近鱼塘的水生生物造成较大的危害影响。枝角类、桡足类及原生动物现存率 0～2 d 内均呈现出不同程度的降低趋势，2 d 后逐渐回升，一般在 14 d 后各类浮游动物数量得到恢复，甚至超过原有水平。而轮虫在各采样区内现存率无明显的降低趋势，只是在起始值附近上下波动。

不同种类的浮游动物对阿维菌素的敏感性不同。在同一采样时间，各类浮游动物的现存率不同，4 种浮游动物对阿维菌素农药敏感性顺序依次为：枝角类＞桡足类＞原生动物＞轮虫。

所以鱼塘中浮游动物的消长受阿维菌素的影响，在施药后 2 d 内，多数浮游动物受到不同程度的抑制作用，现存率显著降低，2 d 后回升。因浮游生物对温度、气压等环境条件较为敏感，所以，试验期间，浮游生物数量有不同程度的起伏，但 14 d 后基本恢复到原有水平，甚至超过原有数量。因此可以认为，阿维菌素的施用不会对浮游动物造成持久的、不可逆的毒性效应。

表 5-12　阿维菌素对浮游动物的影响

采样时间	枝角类		原生动物		轮虫		桡足类	
	个/L	现存率/%	10^5 个/L	现存率/%	10^3 个/L	现存率/%	个/L	现存率/%
0 h	333	100	6.3	100	2.6	100	111	100
4 h	333	100	1.4	22.9	3.8	145	67	60.4
12 h	0	0	2.8	45.1	1.8	70.8	0	0
1 d	0	0	6.6	104.9	4.9	185	0	0
2 d	0	0	4.9	77.4	5.1	192.4	0	0
3 d	44	13.2	4.6	73.8	8.6	325	0	0
4 d	88	26.4	6.3	100.8	9.4	352.5	0	0
5 d	22	6.6	6.3	100.7	4.0	153.3	22	19.8
14 d	467	140.2	11.9	187.8	2.6	99.1	267	240.5

5.4.3　结论

阿维菌素施用后，其在稻田-鱼塘模拟生态系统中的初始分布为：水稻植株地上部分的黏附量占施药量的 9.48%，田间水中占 21.7%，还有较大一部分农药主要被吸附在植株根部。阿维菌素在土壤和田间水中消解速率较快，其消解半衰期分别约为 7 h、4 h。施药 12 h 后，将田间水排入鱼塘，塘水中阿维菌素浓度均小于 0.5 μg/L。

在模拟生态系统中，稻田施药 12 h 后，将田间水排入鱼塘，排水量相当于塘水容量的 1/5，养殖在塘内的鱼、虾、蟹、贝等水生生物 96 h 内均未出现明显的中毒、死亡状况，生物活动自如，状态良好。

阿维菌素稻田使用对模拟生态系统中的水生生物的危害风险较小，正常使用，邻近鱼塘养殖的鱼、虾、蟹、贝等水生生物不会出现明显的危害影响，但应注意其对浮游生物的影响。

阿维菌素施用后，在稻田-鱼塘生态系统中的初始分布为：水稻植株地上部分的黏附量占施药量的 12.6%，田间水中占 37.4%，还有较大一部分农药主要被吸附在植株根部。阿维菌素在土壤和田间水中消解速率较快，其消解半衰期分别约为 15.3 h 与 3.6 h。施药 12 h 后，将田间水排入鱼塘，塘水中阿维菌素浓度均小于 0.5 μg/L，鱼塘底泥中农药含量均未检出。

稻田施药 12 h 后，将田间水排入鱼塘，养殖在塘内的鱼、虾、蟹、贝类等水生生物基本未受影响，处理塘与对照塘的水生生物存活情况相似。阿维菌素对鱼塘浮游生物具有一定的影响，其中枝角类和桡足类浮游生物影响较大，但 14 d 后恢复正常。而对原生动物和轮虫等浮游生物影响相对较小，数量下降不明显，1 d 后基本恢复正常。阿维菌素的施用不会对浮游动物造成持久的、不可逆的毒性效应。

由此可见，阿维菌素稻田使用对鱼、虾、蟹、贝类等的危害风险较小；对浮游生物具有一定的危害影响，但在 14 d 后数量可以慢慢恢复，直至达到正常水平。

5.5　本 章 小 结

硫丹是有机氯杀虫剂，曾在世界各国广泛使用，我国于 1994 年将它用于控制水稻、水果、蔬菜以及茶叶等农作物害虫，也是东苕溪流域水稻种植防治害虫的重点农药品种。东苕溪流域水环境中硫丹残留量为 0.01～0.12 μg/L，低于美国地表水标准中硫丹浓度 1 μg/L 限制（我国地表水质标准中没有对硫丹浓度进行规定）。本书显示 β-硫丹在浓度为 0.05 μg/L，暴露 21 d 时，导致雄性斑马鱼的肝脏指数显著增加（28.6%，$P<0.05$）；雌性斑马鱼受精率和孵化率分别降低 9.3% 和 19.1%，达到显著水平（$P<0.05$）；雄性斑马鱼体内卵黄蛋白含量显著增加，呈现出显著的雌激素效应。以上结果说明，硫丹在低浓度时即可导致鱼类的生殖和繁殖毒性，显示低浓度硫丹暴露对鱼类具有生态风险，建议硫丹不宜作为水稻农药害虫防治品种使用。

毒死蜱是有机磷杀虫剂，作为甲胺磷等高毒杀虫剂禁用后的替代品种，在我国水稻种植区广泛使用。东苕溪流域水环境中毒死蜱残留量为 0.006～0.039 μg/L，低于 WHO 饮用水水质健康影响值为 0.03 mg/L。本书研究显示毒死蜱施药 24 h 后，毒死蜱在塘水中初始浓度为 6.5 μg/L，鱼、蟹、贝类等水生生物未出现显著中毒症状；排水 2 h 时青虾开始出现死亡，至 8 h 死亡率达 40%，24 h 时死亡率达 80%，2 d 后全部死亡。结果说明，毒死蜱稻田使用对虾的危害风险较大。鉴于毒死蜱是疑似环境激素类农药，不建议水稻种植过程中使用毒死蜱农药。

高效氯氟氰菊酯是菊酯类杀虫剂，是高毒农药的替代品种，是水稻二化螟等害虫防治的重要品种。东苕溪流域水环境中高效氯氟氰菊酯残留量为 0.014～0.021 μg/L。本书显示高效氯氟氰菊酯施药后 12 h 时，水体中农药浓度已由初始的 71.8 μg/L 下降为 5.4 μg/L，消解速率快；排水 24 h 未引起斑马鱼、中华绒螯蟹、三角帆蚌的死亡，但青虾死亡率达 20%；浮游动物的现存率均呈现不同程度的下降趋势，14 d 后恢复到正常水平。在正常控制使用条件下，除青虾外，高效氯氟氰菊酯稻田使用对水生生物影响较低，生态系统影响较小。

阿维菌素是由链霉菌产生的大环内酯双糖类化合物，2007 年以来，阿维菌素在水稻种植中大量推广和使用。东苕溪流域水环境中阿维菌素残留量在 0～0.525 μg/L。研究显示阿维菌素在土壤和田间水中消解半衰期分别约为 15.3 h、3.6 h。消解速率较快，施药 12 h 后田间水排入鱼塘，塘水中阿维菌素浓度小于 0.5 μg/L；塘内鱼、虾、蟹、贝类等水生生物均未出现死亡，阿维菌素对枝角类、桡足类、原生动物和轮虫等浮游生物数量有影响，

14 d 后浮游生物生物量恢复正常。结果说明，阿维菌素稻田使用对水生生物不会造成显著危害，水生生态系统影响较小。

因此，硫丹、毒死蜱对东苕溪流域水生生态系统具有一定危害，建议在水稻种植过程不应继续使用硫丹、毒死蜱农药；高效氯氟氰菊酯使用对虾具有危害影响，使用时应注意对虾的影响；阿维菌素使用对水生生态系统影响较小，可按照推荐使用方法科学使用。

本章主要参考文献

戴家银，邓微云，王淑红. 1997. 重金属和有机磷农药对真鲷和平鲷幼体的联合毒性研究[J]. 环境科学，18（5）：44-46.

罗孝俊，陈社军，麦碧娴，等. 2005. 珠江三角洲河流及南海近海区域表层沉积物中有机氯农药含量及分布[J]. 环境科学学报，25（9）：1272-1279.

乔敏，王春霞，黄圣彪，等. 2004. 太湖梅梁湾沉积物中有机氯农药的残留现状[J]. 中国环境科学，24（5）：592-595.

汝少国，李永琪，敬永畅. 1996. 十种有机磷农药对扁藻的毒性[J]. 环境科学学报，16（3）：337-341.

汝少国，李永琪，袁俊峰，等. 1996. 有机磷农药对扁藻的联合毒性研究[J]. 青岛海洋大学学报，26（2）：197-202.

唐学玺，李永棋，李春雁，等. 1997. 久效磷胁迫下扁藻和三角褐指藻脂质过氧化伤害的研究[J]. 海洋学报，19（1）：139-143.

王梅林，郑家生，李永琪. 1998. 久效磷对僧帽牡蛎染色体毒性研究[J]. 青岛海洋大学学报，28（1）：75-81.

杨先乐，湛嘉，黄艳平. 2002. 有机磷农药对水生生物毒性影响的研究进展[J]. 上海水产大学学报，11（4）：378-382.

袁旭音，王禹，陈骏，等. 2003. 太湖沉积物中有机氯农药的残留特征及风险评估[J]. 环境科学，24（1）：121-125.

张甲耀，肖化忠，张甫英，等. 1996. 三种有机磷农药萃取剂对水生生物的毒性效应[J]. 中国环境科学，16（5）：382-385.

赵中华，张路，于鑫，等. 2008. 太湖表层沉积物中有机氯农药残留及遗传毒性初步研究[J]. 湖泊科学，20（5）：579-584.

Feng K，Yu B Y，Ge D M，et al. 2003. Organo-chlorine pesticide（DDT and HCH）residues in the Taihu Lake Region and its movement in soil-water system Ⅰ: field survey of DDT and HCH residues in ecosystem of the region[J]. Chemosphere，50（6）：638-687.

Wang X，Xu J，Guo C，et al. 2012. Distribution and sources of organochlorine pesticides in Taihu Lake，China[J]. Bulletin of Environmental Contamination and Toxicology，89（6）：1235-1239.

Zhao Z，Zhang L，Wu J，et al. 2009. Distribution and bioaccumulation of organochlorine pesticides in surface sediments and benthic organisms from Taihu Lake，China[J]. Chemosphere，77（9）：1191-1198.

第6章 水稻种植农药面源污染控制与消减技术及示范

关于农药污染治理的研究在科研领域一直有较高的关注度，也取得了较多的研究成果，但是目前许多技术的开发都集中在工业废水深度处理新技术的创新及新工艺的突破，新技术和新工艺能真正实际应用到农药面源污染处理中的则较少，可推广技术则少之又少。因此，开发可实际适用于苕溪流域的农药污染控制技术，结合当地情况适度开展技术创新与突破，开展农药源头控制消减技术、农药过程拦截技术及农药末端修复技术的技术体系集成，对苕溪流域农药环境污染控制，保障水体环境安全有着重要的意义。

水稻种植农药使用污染控制与污染消减示范技术体系主要包括：水稻种植农药源头控制技术体系（农药替代使用技术和农药实时精准使用技术）和农药污染末端控制技术体系（农田农药生态拦截技术，农药竹炭吸附处理技术，农药生态滞留处理技术）。

在东苕溪流域水稻种植农药污染控制与消减技术示范开展中，主要示范内容为集成农药污染控制技术措施示范和管理技术模示范式，通过技术措施与管理技术的结合形成农药污染控制的综合技术体系。

6.1 水稻种植农药控源消减技术集成

6.1.1 水稻种植农药替代使用技术

6.1.1.1 技术思路与流程

水稻种植农药替代使用技术研究的创新点是根据示范区内调查的病虫害状况，确定病虫害防治策略后，再依据农药风险评价准则，选择普通常规性用药和替代性高效品种，以环境风险为指标，研究农药替代的品种及可消减的农药使用量。水稻种植农药使用替代消减技术研究的具体技术流程如图 6-1 所示。

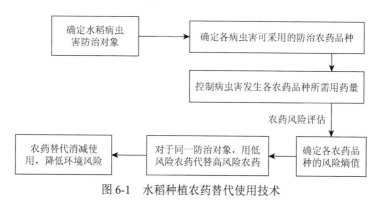

图 6-1 水稻种植农药替代使用技术

水稻种植农药使用替代消减技术研究的关键是针对目前防治本地区主要病虫害所用的农药品种及其用量，采用农药评价技术分析其产生的环境不利风险，并根据风险来选择农药品种的使用及用量（表6-1）。

表 6-1　当地防治主要水稻病虫害采用的农药品种

防治对象	防治农药品种	当地推荐亩用量/(g 或 mL)	亩有效用量/g
稻飞虱	25%扑虱灵（噻嗪酮）	75	19
	25%飞电（吡蚜酮）	24	6
稻纵卷叶螟	32%骄子（氟铃脲 2% 丙溴磷 30%）	50	1 15
	2%阿维菌素	100	2
水稻纹枯病	5%井冈霉素	300	15
	30%爱苗（苯醚甲环唑 15% 丙环唑 15%）	15	2.25 2.25

6.1.1.2　技术指标参数

本书主要技术指标参数为农药在环境中的风险熵，其主要通过采用农药环境风险评价技术对这些常用农药在环境中的风险熵值进行评价，评价的主要因素包括农药的分子量、溶解度、吸附常数（K_{oc}）、水中降解的半衰期、土壤中降解的半衰期、底泥中降解半衰期、光解半衰期、施用量以及各使用农药品种对水生生物鱼的急性半致死浓度（LC_{50} 值）和无毒性影响浓度因子 Af 等。表 6-2 列出了当地防治主要病虫害的农药环境风险评价的 8 项主要参数。

表 6-2　所用农药环境风险评价主要参数

农药品种	亩用量/(g 或 mL)	分子量	溶解度/(mg/L)	K_{oc}	水中降解半衰期/d	土壤底泥降解半衰期/d	自然光解半衰期/d	最高预测浓度 MPEC/(μg/L)
噻嗪酮	19	305.4	0.46	2 200	20	80	33	95.6
吡蚜酮	6	217	270	1 510	6	14	6.8	6.6
2%氟铃脲	1	461	0.027	10 391	12	57	6.3	1.12
30%丙溴磷	15	373.6	28	2 016	30	7	20	69.6
2%阿维菌素	2	866.6	1.21	5 638	2.4	1	1.5	0.015
5%井冈霉素	15	497.5	61 000	100	10	1	5	10.7
15%苯醚甲环唑	2.25	406.3	15	3 760	10	85	5	2.47
15%丙环唑	2.25	342.2	150	1 086	6	214	10	4.03

根据得到的使用农药品种的风险熵值，结合当地水稻生产情况，对农药的使用进行筛选替代，减少高环境风险农药的使用，降低水环境毒性的影响。

风险熵计算由下列式得出，得到防治当地主要病虫害可用农药品种的风险熵值，此处无毒性影响浓度因子根据急性影响浓度降低 10 倍为慢性影响浓度，再降低 10 倍为无毒性影响浓度因子，无毒性影响浓度因子 Af 取值 $10 \times 10 = 100$。

$$风险熵 = \frac{水体环境最高预测浓度(MPEC) \times 无毒性影响浓度因子}{水生生物鱼类LC_{50}值}$$

6.1.1.3　技术应用与效果

表 6-3 列出了根据农药环境风险评价技术计算得到的当地目前防治水稻病虫害所用农药品种的风险熵值（风险熵值大于 1，表明该种农药存在环境风险；风险熵值越高，表示该种农药对水生环境的风险越大）。

目前当地针对几种常见病虫害的常用农药品种为噻嗪酮，骄子（氟铃脲和丙溴磷）以及井冈霉素，本书中采用的相同防治对象的替代农药为飞电（吡蚜酮），阿维菌素以及爱苗（苯醚、甲环唑和丙环唑），计算得到的 6 种农药的风险商值如表 6-3 所示，从表中可以看出，防治稻飞虱和卷叶螟虫虫害的农药品种噻嗪酮和骄子对水生生物环境风险熵值高于 1，而吡蚜酮和阿维菌素的水生生物环境风险熵值低于 1，而防治水稻纹枯病的农药井冈霉素和爱苗的环境风险熵值较低，均低于 1，环境风险较低。根据风险熵值，开展农药替代性使用时，对于同一防治对象，以低环境风险农药代替高风险农药，对于环境风险都较低的农药，结合农田防效，进行替代性使用。在此处农药替代使用技术研究中，对于防治稻飞虱，以吡蚜酮代替噻嗪酮，防治卷叶螟虫，以阿维菌素代替骄子农药，而对于水稻纹枯病，由于环境风险均较低，结合防治效果，以农药爱苗替代井冈霉素。

表 6-3　防治水稻病虫害所用农药品种的风险熵值

农药名称及含量	当地推荐亩用量/(g 或 mL)	当地推荐亩有效用量/(g 或 mL)	水生生物鱼LC$_{50}$/(mg/L)	风险熵值[*]	各农药品种总风险熵
25%扑虱灵（噻嗪酮）	75	19	2	4.780	4.780
32%骄子（氟铃脲　丙溴磷）	50	1	100	0.001	69.600
		15	0.1	69.600	
5%井冈霉素	400	20	1 000	0.001	0.001
25%飞电（吡蚜酮）	24	6	>100[**]	0.007	0.007
2%阿维菌素	100	2	0.11	0.014	0.014
30%爱苗（苯醚甲环唑　丙环唑）	15	2.25	1	0.247	0.328
		2.25	5	0.081	

[*]应用农药环境风险评价技术推算所用农药的环境风险熵

[**]以 100 mg/L 计

由表 6-3 可见，以有效成分计算，吡蚜酮替代噻嗪酮每亩可减少用量 13g（mL），以阿维菌素替代娇子每亩可减少用量 14g（mL），以爱苗替代井冈霉素每亩可减少用量 15 g（mL）。替代后常规使用农药（有效成分）显著降低。该技术不仅大大减少了农药的总使用量，同时也大大降低了农药的环境风险熵值。

6.1.2　水稻种植农药实时精准用药技术

6.1.2.1　技术思路与流程

实地病虫情观测主要采用诱虫设施观测与稻田病虫情实地观测相结合的方法，诱虫设施观测主要依托诱虫灯等设施，对害虫迁入量进行观察，对害虫的高峰发生时段和高峰发生量进行预测，尤其是对水稻种植区域首次虫情迁入发生高峰时段和发生量进行准确预测，可对后期虫情发生预测起到指导作用，提高实时用药的针对性。

采取针对性的实时精准用药，主要内容包括精准用药时段和精准用药量，来研究采用实时精准用药技术可以达到的农药使用量消减效果。

水稻种植农药控源实时精准用药技术研究的具体技术流程如图 6-2 所示。

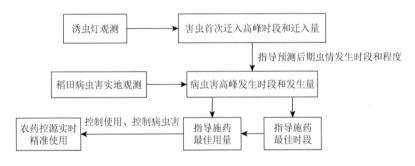

图 6-2　水稻种植农药控源实时精准用药技术

6.1.2.2　技术指标参数与应用

稻田病虫害情况实地观测则主要是对水稻田病虫害的发生情况和病虫发生程度进行实地观察，根据观察的结果针对性地提出用药时间和用药量，起到控制病虫害发生和控制农药使用的"双控"效果。

对于水稻种植易于发生的几种病虫害情况，选取稻飞虱、稻纵卷叶螟、水稻纹枯病以及稻田稻曲病为主要观测对象，下面详细列出这几种病虫害的观察调查方法。

1）稻田稻飞虱发生调查方法

采用盆拍法调查，在每均稻田中按平行跳跃取样 12～18 个点，每点拍查两穴水稻，统计每穴稻飞虱的数量。

2）稻田稻纵卷叶螟发生调查方法

稻田稻纵卷叶螟发生调查主要分为稻田稻纵卷叶螟虫的数量和稻纵卷叶螟对水稻的危害程度观察。

稻田稻纵卷叶螟虫的数量观察是在每块稻田中，随机 5 点取样，每点观察 5 穴，统计水稻叶片上的稻纵卷叶螟虫的数量。

稻纵卷叶螟对水稻的危害程度观察是在每块稻田中，随机 5 点取样，每点调查 50 株水稻的上部 3 张叶片，观察叶片的卷叶率，来观察水稻受稻纵卷叶螟的危害程度。

3）稻田间水稻纹枯病发生调查方法

在每块稻田中，随机 5 点取样，每点调查 40 株水稻，记录纹枯病的发生率及纹枯病的危害程度，按 4 级标准评价纹枯病的病情指数。

4）稻田稻曲病发生调查方法

每块田随机调查 200 个稻穗，记录发病穗数，计算发病率。

6.1.3　农药污染末端控制技术体系

6.1.3.1　农药农田生态拦截技术

1）技术思路与流程

水稻种植农药农田生态拦截处理技术主要策略为构建具有一定生物量沟渠植物群落，对植物群落结构进行配比，并采取构建生态坝延长水体在沟渠中的滞留时间，充分加强沟渠对水体中农药的拦截。图 6-3 为水稻种植农药农田生态拦截技术的技术路线图。

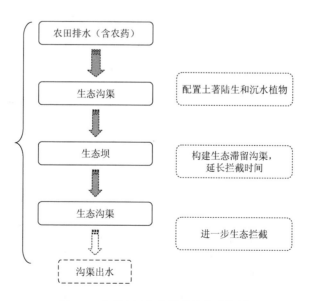

图 6-3　农药农田生态拦截技术路线图

2）技术指标参数

水稻种植农药农田生态拦截技术研究的主要技术参数有温度、水流流速、坝体铺设密度、挺水陆生植物配比等。通过这些参数的优化来优选提升生态沟渠对农药的拦截减控效果。

6.1.3.2　农药农田生态滞留处理技术

1）技术思路与流程

水稻种植农药农田生态处理技术主要策略为构建具有一定生物量的生态滞留塘,在进水处设置生态跌落坝和砾石缓坡,加强水体曝气充氧过程,生态滞留塘其间设有丰富的植物群落结构以及其他水生动物等,并对挺水、沉水、浮水植物和陆生草本植物群落进行配比,在尾水出口处采取构筑围挡生态坝稳定出水流速,延长水体在沟渠中的滞留时间,促进农药等污染物在进入开放水体之前的有效降解,充分加强生态滞留塘对水体中农药的吸收处理与利用。图 6-4 为水稻种植农药农田生态处理技术的技术路线图。

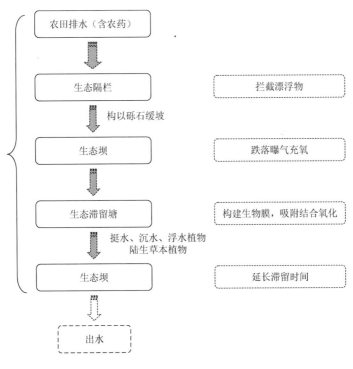

图 6-4　农药农田生态处理技术路线图

2）技术指标参数

水稻种植农药农田生态滞留处理技术研究的主要技术参数有温度,生态滞留塘蓄水量,水体交换频率、水体出水流速,挺水、沉水、浮水植物和陆生植物配比等。通过这些参数的优化来优选提升生态滞留塘对农药的吸收处理与利用,增强生态滞留处理技术对水体中农药的减控效果。

6.1.3.3　农药竹炭吸附处理技术

农药竹炭吸附处理技术开发则是主要利用当地盛产的竹炭来吸附处理水体中农药。农药作为一类高毒的有机化合物,易对各种生态处理措施产生直接的毒性作用而影响其对农药的降解能力,在农田中短期内促进其降解的难度较大。相对而言,采用吸附等处理手段受农药毒性作用影响较小,能够更为有效地降低水体中农药的含量。苕溪流域地处天目山余脉地区,森林资源尤其是竹质资源丰富,针对当地这个实际情况,在示范试验中还开展了竹炭在农药处理方面的探索性开发应用,观察竹炭在吸附处理方面对水体中农药的去除能力。

1) 技术创新点

利用的竹炭为当地竹子高温碳化后形成的筒形竹炭,再经过适当的改性,观察其对当地目前正在使用的几种用量较大的农药的吸附处理效果。改性方法是先使用酸度较高的硫酸去除竹炭中的孔隙中的杂质,减少竹炭内部坍陷度,增加孔隙度,然后使用氢氧化钠降低酸度,最后使用稀盐酸调节酸度至微酸性。竹炭改性后,进行室内模拟处理农药试验,观察竹炭对几种农药的吸附处理效果,以及改性后的竹炭对农药处理能力的影响效果。

2) 技术指标参数

在农药竹炭处理技术开发实验研究中,主要考察了筒形竹炭对目前示范几种常用农药的吸附处理效果,研究的主要技术参数有温度、水流流速、竹炭铺设量、竹炭铺设密度、竹炭处理水流最佳效率比等。研究对象主要包括丙环唑、氯虫苯甲酰胺、噻嗪酮、吡蚜酮。吸附实验初始浓度分别为 0.1 mg/L 和 0.01 mg/L,竹炭为原品和经过改性后的竹炭,吸附的接触时间分别为 1 h（短时间接触）和 24 h（长时间接触）,水固比为 1∶100。

3) 技术应用效果

实验结果如图 6-5 和图 6-6 所示,图中横坐标为接触时间;纵坐标为溶液中剩余农药占农药总量比。实验结果表明,竹炭对丙环唑的处理效果一般,未改性前,经过接触的吸附平衡,对丙环唑只有 5%～20%的去除效率,改性后可达到 15%～40%的处理效率（左图为竹炭原品对几种农药的吸附效果图,右图为改性后的竹炭对几种农药的吸附效果图）。与其相比,氯虫苯甲酰胺的去除效率则相对较高,竹炭原品就可以达到 90%左右的去除效率,去除效果明显,且初始浓度越低,去除效率越高。而吡蚜酮和噻嗪酮在竹炭原品中的吸附率为 30%～50%,而改性竹炭则可以提高至 60%～70%,提高效果明显。

在固定水流通量的情况下,短时间接触与长时间接触对几种农药的处理效果相近,这也表明竹炭与农药的短接触就可以完成对农药的吸附处理,在田间应用时可通过延长阻滞时间、降低流速而达到一定的吸附效果,且短时间的接触便可取得较为理想的效果,这也表明在目前的农田排水流速条件下,采用竹炭处理水体中农药应用的可行性较高。

吡蚜酮、噻嗪酮以及氯虫苯甲酰胺均可以采用田间出口和沟渠排水处设置筒形竹炭导孔，而进行有效地去除。通过竹炭的改性还可明显提高竹炭对这几种农药的吸附处理能力，从而可以更有效地去除排水的农药含量，降低入河入湖水体的毒性，保障河流等开放水体的自净能力与生态稳定。

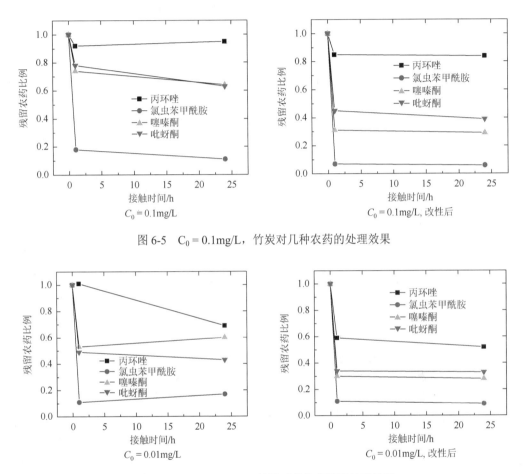

图 6-5　$C_0 = 0.1 \text{mg/L}$，竹炭对几种农药的处理效果

图 6-6　$C_0 = 0.01 \text{mg/L}$，竹炭对几种农药的处理效果

6.2　水稻种植农药污染控制与消减技术示范

6.2.1　示范区概况与示范技术优化集成思路

水稻种植农药使用污染控制与污染消减示范，分别于 2009 年度在杭州市余杭区瓶窑镇西安寺村和张堰村，以及 2010 年度在余杭区径山镇前溪村开展了技术示范的工程，主要开展区域处在东苕溪干流与支流北苕溪附近，水文条件受苕溪水流影响较大，与苕溪水体交换也较为频繁。其中 2009 年示范区面积为 1 000 亩。图 6-7 为西安寺村和张堰村示范区的位置及概况远景图。

图 6-7　西安寺村和张堰村示范区平面和概况图

　　西安寺示范区为水稻种植农药使用污染控制与污染消减示范主示范区，西安寺示范区主要开展的示范工程包括农药控源使用技术示范的相关工程建设、农药生态拦截工程建设和农药生态处理工程建设内容，具体的平面实景如图 6-8 所示。

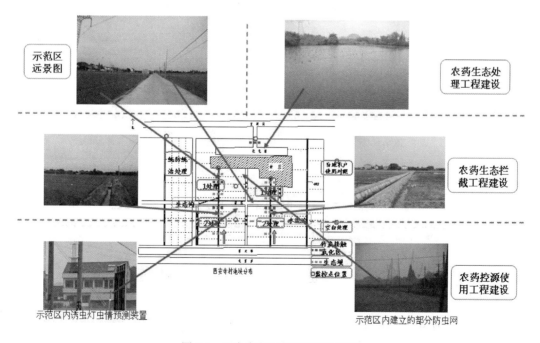

图 6-8　西安寺主示范区平面布置图

水稻种植农药污染控制与消减技术示范整体思路为水稻种植农药污染分阶段控制的全过程集成，各阶段技术采用串联模式整合集成，并优化集成的技术参数，具体流程思路见下图6-9，从而实现对水稻种植农药污染的全周期控制。

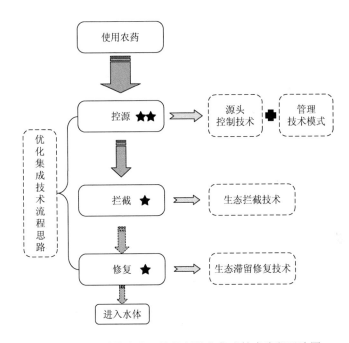

图 6-9　水稻种植农药污染控制优化集成技术流程思路图

水稻种植农药污染控源消减集成技术示范，主要示范内容包括农药实时精准使用技术和农药替代使用技术的应用。

6.2.2　水稻种植农药实时精准用药技术示范

6.2.2.1　病虫害防控和水稻产量

水稻种植农药实时精准用药技术示范开展后，在用药后 1～5 d 进行农田病虫情大范围观察，以了解用药的防治效果（与对照未用药相比）。几次用药后短期内病虫情调查结果发现，防治后 2～3 d 调查，由于时间短，药剂见效慢，许多昆虫虽活动能力大为下降，但昆虫死亡数则相对较少，在统计昆虫数目时，防治效果一般很难表现出来，遂后期采用短期观察结合长期监测的方法来观察用药对病虫害的防治效果。

为更好研究示范区农田病虫害的防治情况，在水稻生长后期对水稻种植农药控源示范区进行了水稻种植农药实时精准用药技术示范后期几种病虫害防治效果普查监测调查，调查的病虫害对象为稻飞虱、稻纵卷叶螟、水稻纹枯病和稻曲病，防治效果的调查结果如表 6-4 所示。

表 6-4 实时精准用药技术对水稻几种主要病虫害的防治效果

处理	稻纵卷叶螟防治效果/%	稻飞虱防治效果/%	纹枯病发生率/%	稻曲病病穗率/%
实时精准用药技术	88.2	80.7	15.47	0.75
农户分散单独用药	81.9	86.3	3.13	2

从表 6-4 中可以看出，实时精准用药技术的开展与农户分散单独用药都对稻纵卷叶螟均具有较好的防治效果，防治效果分别为 88.2% 和 81.9%，均较好地控制了稻纵卷叶螟对水稻的不利影响，取得了较为理想的防控效果。

农户分散单独用药情况下对稻飞虱发生的控制率平均为 86.3%，而实时精准用药技术的开展也有效地控制了稻飞虱的大发生，防治率达到了 80.7%，也起到了很好的防治效果，开展实时精准用药技术也取得了较为理想的病虫防治效果。

实时精准用药技术的开展与农户分散单独用药对水稻纹枯病的防治均取得了较好的防治效果，实时精准用药技术的开展下，纹枯病病情指数相对较高，达到 15.47%，农户单独打药情况下水稻纹枯病病情指数为 3.13%，发病率虽有所差异，但总体防治效果较为理想，防治目的也均达到，未对水稻的生长产生明显不利的影响。

由于稻曲病发生较轻，并未成为水稻重点发生病害，农户分散单独用药情况下，稻曲病发病率稍高，只有 2%，实时精准用药技术的开展示范下，稻曲病发病率也只为 0.75%，差异不大，实时精准用药技术的开展对稻曲病的防治取得了理想的效果。

根据示范区现场实地病虫害调查，实时精准用药技术的开展不仅在短期内有效地控制了稻飞虱、稻纵卷叶螟、水稻纹枯病和稻曲病等主要水稻病虫害的发生，而且在整个水稻生育期内，包括各后期生长等各病虫害重点发生阶段都起到了很好的控制病虫害的发生，与当地农户分散单独用药相比，实施水稻种植农药实时精准用药技术示范也可以取得了良好的防控效果。

进一步分析开展实时精准用药技术示范对水稻产量的影响，采用随机采集稻田间水稻样本，分析水稻种植农药实时精准用药技术示范对示范区内水稻产量的影响，水稻单位面积产量按下式计算：

单位面积理论产量＝单位面积有效穗数×每穗实粒数×千粒重

实时精准用药技术的开展与农户分散单独用药情况下水稻的产量如表 6-5 所示，从表中可以看出，实时精准用药技术开展后，4 块调查田块中水稻的产量为 7 123.9～9 024.1 kg/hm²，而农户分散单独用药情况下，3 块调查田块中水稻产量为 7 832.9～8 054.3 kg/hm²，实时精准用药技术开展对水稻产量没有明显的不利影响，部分田块的产量还相对农户分散用药更高。

表 6-5 实时精准用药技术对水稻产量的影响

不同用药情况	调查田块数	理论产量/(kg/hm²)
实时精准用药技术	4	7 123.9～9 024.1
农户分散单独用药	3	7 832.9～8 054.3

与当地农户分散单独施药处理相比，水稻种植农药实时精准用药技术示范的水稻产量大多高于当地农户单独分散用药的水稻产量，实施水稻种植农药实时精准用药技术不会对水稻产量产生明显不利的影响，并且由于用药次数和用药量的控制，可大大增加水稻种植的经济效益。

6.2.2.2　农药消减效果

1）实时精准用药技术示范对农药使用量的消减效果

在水稻种植生长期内，实施水稻种植农药实时用药技术示范共计用药 5 次，而当地农户分散单独用药共计用药 7 次，结果如表 6-6 所示，用药次数的减少一方面可以大大减少打药的成本，以当地每亩每次打药的人工和机械成本 10 元计，实施水稻种植农药实时用药技术示范比当地农户分散单独打药减少成本 20 元左右；另一方面，用药次数的减少，也意味着农田间水体中保持高浓度的农药含量的时间减少，也从源头上降低了各种排水过程导致的农药废水外流而产生污染概率的下降，能明显在源头上起到控制农药废水排放量。

实施水稻种植农药实时用药技术示范区在当季水稻种植季，防治病虫害农药总用量为 1 396 g/亩，总使用有效含量分别为 185 g/亩，当季当地农户分散单独用药经平均统计，农药总用量和有效用量分别为 2 874 g/亩和 343 g/亩（表 6-6）。实施实时用药技术的示范区用药量只有当地农户分散单独用量的 50%不到，有效含量总量也只有农户分散单独用量的 60%左右。采用实时精准用药技术，农药控源使用效果明显，其有效地降低了农药的使用量，每亩可减少农药用量 1.5 kg，制剂有效用量减少 0.15 kg，为水体中农药含量降低去除打下最为坚实的第一步，以实时精准用药技术代替目前农户常用的经验性粗放用药，可从源头有效地降低农药的使用量，减少源头农药流失的潜能。

表 6-6　实时精准用药技术示范的农药使用控制效果

	用药次数	农药总使用量/(g/亩)	总使用有效含量/(g/亩)
实时精准用药技术	5	1 396	185
农户分散单独用药	7	2 874	343
实时精准用药比农户分散单独用药减少量	2	1 478	158

在水稻种植中使用的农药，一部分直接进入水体环境，还有相当一部分残留在水稻表面或渗入其中，残留在水稻叶片表面的农药，与水稻叶片的大小和水稻的密度有很大的关系。残留于水稻叶片及茎秆表面的农药量占总打入量的百分比即称为黏附率，据多年统计经验，农药在水稻叶片表面的黏附率一般在 30%～70%。在水稻生长初期，水稻表面的农药的黏附率一般只有 30%左右，至中后期水稻营养生长完成后，打入农药的水稻表面黏附率可达到 70%左右。根据在当地对水稻生长的观察，在水稻种植后 14 d 到四周内，水稻植株较小，而进入 7 月中下旬后，水稻生长迅速，至水稻生长两月后，其植株已接近成熟高度。结合黏附率统计数据，在示范区内，7 月中下旬左右，水稻表面农药黏附率一般

在 30%左右，随着水稻的迅速生长，进入 8 月上旬后，农药在水稻表面的黏附率可到 50%左右，至 8 月下旬水稻孕穗期后，农药在水稻叶片的黏附率可达到 70%左右。根据此，计算得到农药实时精准用药示范区和农户分散单独用药区理论有效进入稻田间水体农药含量（表 6-7）。

表 6-7　实时精准用药技术示范的农药污染控制效果

	理论进入稻田水体农药含量/(g/亩)	雨季理论进入稻田水体农药含量/(g/亩)	施入农药的总生态毒性负荷/(当量/亩)
实时精准用药技术	80	50	6 578
农户分散单独用药	152	105	11 347
实时精准用药比农户分散单独用药减少量	72	55	4 769

从表 6-7 中可以看出，统计的农户分散单独用药理论进入水体农药量为 152 g/亩，而实时精准用药技术理论进入稻田间水体农药含量为 80 g/亩，只有农户分散单独用药的 53%左右，农药污染控制效果较为明显。

在杭州当地农田面源污染对水体环境影响较大的，降雨较为频繁的 6、7、8 月，水体交换迅速，农田农药流失情况较多，对环境的污染风险也较高。在这雨季实施实时精准用药技术理论进入稻田间水体农药含量为 50 g/亩，远远小于农户分散单独用药情况下进入水体的农药含量 105 g/亩，只有其流失量的 48%左右，实时精准用药技术示范减少了农药对环境污染流失潜能，也从源头降低了农药使用的环境风险。

施入农田各种农药的毒性污染负荷当量根据施入农田的农药量与每毒性当量该农药的质量数的比例求得。

$$施入农田农药的毒性污染负荷当量 = \frac{施入农田的农药量}{每毒性当量该农药的质量数}$$

将各次施入的农药进行毒性当量标准化计算后得到的毒性污染负荷当量值统计，并对水稻种植期间施入的农药的毒性污染负荷进行了汇总计算，得到的实时精准使用技术示范和农户分散单独用药情况下农药毒性污染负荷当量。当地单独打药农户所用农药总的生态毒性负荷当量为 11 347，而采用实时精准使用技术示范所用农药总负荷当量值为 6 578（表 6-7），与当地农户单独打药相比，只有其总当量负荷的 58%，采用实时用药技术对控制向环境排放农药的毒性负荷当量起到了很好的积极作用，对降低环境中农药的毒性风险效果也较为显著，有效地降低水体的生态毒性负荷和压力，降低了农药的环境毒性风险以及对水生生物的毒害程度。

2）实时精准用药技术示范对农药毒性当量的消减效果

在水稻种植期间，由于施入农药品种较多，各农药品种间对生物的环境毒性相差较大，只进行施入量的简单统计不足以描述施入的农药对环境总的生态压力负荷。在本书中，采用对小鼠的急性毒性能力来标准化农药投入量的毒性基准能力。在计算中以该种农药小鼠的 LD_{50} 值作为标准单位投毒量（小鼠以 100 g 计重），致死一只白鼠所需的该农药量为每毒性当量，对各种农药进行农药毒性能力标准化计算，来统计实施实时用药技术和农药替代消减技术的实施对农药生态毒性负荷的消减效果。

表 6-8 列出了在示范研究中所使用的农药的大白鼠急性毒性能力和每毒性当量所对应的该种农药的质量数，根据该表中列出的每毒性当量所对应的该种农药的质量数，对示范区内各处理使用的农药量进行毒性能力的标准化计算，计算结果在表 6-8 中列出。

表 6-8　各农药对白鼠急性毒性及每当量毒性对应的农药质量数

农药名称及含量	大白鼠毒性 LD$_{50}$/(mg/kg)	毒死白鼠所需农药量/mg*	每毒性当量该农药质量数/mg
氟铃脲	>5 000**	500	500
丙溴磷	400	40	40
阿维菌素	10	1	1
噻嗪酮	2 198	220	220
吡蚜酮	1 710	171	171
丙环唑	1 517	152	152
苯醚甲环唑	1 453	145	145
三环唑	305	31	31
井冈霉素	>5 000	500	500
吡虫啉	1 260	126	126
氨基甲酸酯	580	58	58
杀虫双	234	23	23
毒死蜱	150	15	15

* 毒死白鼠所需农药量 mg 数为 1 毒性当量（白鼠以 100 g 计）

** LD$_{50}$ 值高于 5 000 mg/kg 的以 5 000 mg/kg 计

6.2.3　水稻种植农药使用替代消减技术示范

6.2.3.1　病虫害防控和水稻产量的影响

水稻种植农药使用替代消减技术示范开展后，在水稻生长后期 2009 年 9 月 28 日，对水稻种植农药控源示范区进行了水稻种植农药使用替代消减技术示范后期几种病虫害防治效果普查监测调查，以了解农药使用替代消减技术对主要病虫害的防治效果。调查的病虫害对象为稻飞虱，稻纵卷叶螟，水稻纹枯病和稻曲病，防治效果的调查结果如下表 6-9 所示。

表 6-9　农药使用替代消减技术对水稻几种主要病虫害的防治效果

处理	稻纵卷叶螟防治效果/%	稻飞虱防治率/%	纹枯病发生率/%	稻曲病病穗率/%
农药使用替代消减技术	79.3	86.6	4.01	0
农户分散单独用药	81.9	86.3	3.13	2

从表 6-9 中可以看出,水稻种植农药使用替代消减技术示范开展后,对稻纵卷叶螟和稻飞虱的防治效果分别为 79.3%和 86.6%,纹枯病和稻曲病的发病率则分别为 4.01%和 0,而农户分散单独用药情况下,稻纵卷叶螟和稻飞虱的防治效果分别为 81.9%和 86.3%,纹枯病和稻曲病的发病率则分别为 3.13%和 2%,农药使用替代消减技术的开展并未明显影响水稻病虫害的防治效果,与当地农户高用药情况下的防治效果相当,某些病虫害防治甚至更优,这些结果都表明水稻种植农药使用替代消减技术示范开展后,不仅在短期内有效地控制了稻飞虱、稻纵卷叶螟、水稻纹枯病和稻曲病等主要水稻病虫害的发生,而且在整个水稻生育期内,包括各后期生长等各病虫害重点发生阶段都很好地控制了病虫害的发生,与当地农户分散单独用药相比,实施水稻种植农药使用替代消减技术示范取得了较好的防控效果,病虫害发生状况大为减轻。

进一步分析开展农药使用替代消减技术示范对水稻产量的影响,采用随机采集稻田间水稻样本,了解水稻种植农药使用替代消减技术示范对示范区内水稻产量的影响,农药使用替代消减技术的开展与农户分散单独用药情况下水稻的产量如表 6-10 所示,从表中可以看出,农药使用替代消减技术开展后,4 块调查田块中水稻的产量为 7 658.6～9 525.6 kg/hm²,而农户分散单独用药情况下,3 块调查田块中水稻产量为 7 832.9～8 054.3 kg/hm²,农药使用替代消减技术开展后,整体调查田块水稻的平均产量还相对农户分散用药情况下更高。

表 6-10　农药使用替代消减技术示范对水稻产量的影响

不同用药情况	调查田块数	理论产量/(kg/hm²)
农药使用替代消减技术	4	7 658.6～9 525.6
农户分散单独用药	3	7 832.9～8 054.3

水稻种植农药使用替代消减技术示范对水稻产量也为产生明显的不利影响,根据调查的结果,与当地农户分散单独打药处理相比,水稻种植农药使用替代消减技术示范的水稻产量大多高于当地农户单独分散用药的水稻产量,实施农药使用替代消减技术有效地促进了水稻的产量,产出效益提升,并且由于用药次数和用药量的控制,用药成本又大为降低,还可大大增加水稻种植的经济效益。

6.2.3.2　替代消减效果

1）替代消减技术对农药使用量的消减效果

在水稻种植生长期内,实施水稻种植农药使用替代消减技术示范共计用药 5 次,而当地农户分散单独用药共计用药 7 次,结果如表 6-11 所示,用药次数大为减少,这一方面可以大大减少打药的成本,与当地农户分散单独打药相比,实施水稻种植农药使用替代消减技术示范减少人工和器械成本 20 元左右;另一方面,用药次数的减少,也意味着农田间水体中保持高浓度的农药含量的时间减少,也从源头上降低了降雨以及排水等过程导致的农药废水外流而产生污染的概率,能明显地从源头控制农药废水排放量。

表 6-11　替代消减技术示范对农药使用量的消减效果

	用药次数	农药总使用量/(g/亩)	总使用有效含量/(g/亩)
农药使用替代消减技术	5	1 458	164
农户分散单独用药	7	2 874	343
农药使用替代消减技术与农户分散单独用药相比减少量	2	1 416	179

　　水稻种植农药使用替代消减技术的示范对农药使用的控制效果也十分的显著,当季水稻种植农药使用量状况如表 6-11 所示,农户分散单独用药的农药总使用量为 2 874 g/亩,制剂的有效含量为 343 g/亩,而开展农药使用替代消减技术的示范区农药使用量只有 1 458 g/亩,制剂的有效含量为 164 g/亩,分别只有农户分散单独用药的 50%和 48%左右,每亩减少农药使用 1.4 kg 左右,有效制剂用量减少 0.18 kg 左右,采用农药使用替代消减技术对农药污染控制的减量效果比较明显。表 6-12 为水稻种植农药使用替代消减技术示范的农药污染控制效果,理论进入稻田间水体农药含量和雨季理论进入稻田间水体农药含量反映了水稻种植中农药实际情况下可能对水体环境产生的直接污染,实施农药使用替代消减技术后,每亩理论进入稻田间水体农药含量和雨季理论进入稻田间水体农药含量分别为 56 g 和 29 g,而当地农户分散单独用药情况下,每亩理论进入稻田间水体农药含量和雨季理论进入稻田间水体农药含量则分别为 152 g 和 105 g,开展农药使用替代消减技术示范后,农药进入水体的流失量只有农户单独用药情况下的 37%,雨季流失量为农户单独用药情况下的 28%左右,每亩减少进入水体的农药含量 100 g 左右,减少雨季流失量达到 76 g,开展农药使用替代消减技术示范对水稻种植农药污染的控制效果比较显著。

　　2) 替代消减技术对农药毒性当量的消减效果

　　采用标准毒性当量将种植使用的不同种类的农药进行标准化评估,得到使用的农药的当量总量值如表 6-12 所示,当地单独打药农户所用农药总的生态毒性负荷当量为 11 347,而农药使用替代消减技术示范所用农药总负荷当量值为 8 230,为农户分散用药情况的 75%左右,这对控制向环境排放农药的毒性负荷当量也起到了很好的积极作用,有效地减轻了水体的生态毒性负荷和压力,降低了农药的环境毒性风险以及对水生生物的毒害程度。

　　与目前常规用药品种的使用情况相比,开展农药使用替代消减技术后,农药制剂的有效用量只有常规用药品种的 80%左右,大大减轻了进入环境的农药的污染量,而虽然进入环境的农药毒性当量总负荷比常规用药品种高,但由于替代技术实施过程中采用了用量少,且更为高效,降解残留时间更短的农药品种,如阿维菌素,虽由于其毒性能力较高,初始计算时,其毒性当量较高,使得采用替代技术的处理初始毒性负荷当量值较高,但由于采用农药替代消减技术所使用高毒性当量农药残留时间短,且使用量也较小,短期内农药毒性负荷风险迅速下降,对环境的危害程度也会迅速下降,因此,采用农药替代消减技术优化农药品种选择,不仅可有效降低农药使用量,在经过时间控制后,还可以起到很好的控制农药毒性负荷当量的效果。

表 6-12　水稻种植农药使用替代消减技术示范的农药污染控制效果

	理论进入稻田水体农药含量/(g/亩)	雨季理论进入稻田水体农药含量/(g/亩)	施入农药的总生态毒性负荷/(当量/亩)
农药使用替代消减技术	56	29	8 230
农户分散单独用药	152	105	11 347
农药使用替代消减技术与农户分散单独用药相比减少量	96	76	3 117

6.2.4　农田排水中农药生态拦截技术示范

在西安寺主示范区中开展的农田生态拦截技术集成，根据当地实际情况，并利用当地现有的水文条件，共设置了生态沟渠，水泥沟渠，生态跌落坝等工程技术设施，图 6-10 和图 6-11 为具体的现场工程设施图。

图 6-10　水泥排水沟渠远景图

图 6-11　泥土生态排水沟渠远景图

农田排水生态拦截技术工程,包括一条生态沟渠的利用维护和一条改造后的水泥沟渠的建造,通过对比生态沟渠和水泥沟渠对农药的拦截效果,来观察沟渠中生态拦截技术应用对农药的拦截处理效果。生态沟渠中种以大量的陆生草本植物和水生植物加强拦截功能。

沟渠设置与实验处理设置采取相交义的原则。水泥沟渠长 350 m 左右,宽 0.75 m,深 0.8 m,生态土沟渠长 400 m 左右,宽 0.75 m,深 0.6 m,沟渠在蓄水时为上水所用,在低水位时主要功能为排水,在沟渠的中段,设有多处拦截坝用以调节沟渠的水位高度。

生态沟渠和水泥沟渠对稻田中几种农药的拦截处理效果不同。从表 6-13 中可以看出,在 8 月中旬打药前后,生态沟渠和水泥沟渠中氟铃脲的含量差异不大,含量多在 3 μg/L 左右,可能是由于当地茭白地块较多,氟铃脲使用量较大,灌溉水体中氟铃脲含量较高且持续进入沟渠,使得生态沟渠拦截对氟铃脲的处理效果不明显。在 8 月下旬示范区用药后,氟铃脲的含量呈现出水泥沟渠水体中较高,生态沟渠中含量较低的情形,含量分别为 1.5 μg/L 和 0.7 μg/L,农田沟渠的生态拦截技术的应用对沟渠水体中氟铃脲的去除产生了一定的作用效果。

表 6-13　不同类型农田排水沟渠对常用农药处理效果

采样点-时间	氟铃脲/(μg/L)	噻嗪酮/(μg/L)	吡蚜酮/(μg/L)	吡虫啉/(μg/L)	备注
水泥沟渠出水口-8.12	2.8	3.6	0.019	0.015	
生态沟渠出水口-8.12	3.4	—	0.010	0.012	
水泥沟渠 1 出水口-8.14	2.4	1.0	0.033	0.026	丙环唑、氯虫苯甲酰胺均未检出
水泥沟渠 2 出水口-8.14	2.6	1.8	0.044	0.031	
生态沟渠 1 出水口-8.14	2.4	0.5	0.020	0.007	
生态沟渠 2 出水口-8.14	2.8	—	0.023	0.009	
水泥沟渠出水口-8.27	1.5	—	3.70	2.8	氯虫苯甲酰胺未检出
生态沟渠出水口-8.27	0.7	—	0.52	1.1	

由于 8 月中旬示范区用药基本未使用吡蚜酮,沟渠水体中的吡蚜酮含量接近背景值,含量范围在 0.010~0.044 μg/L。在 8 月下旬示范区内各处理使用吡蚜酮后,经采样分析得到的吡蚜酮在水泥沟渠中含量为 3.70 μg/L,生态沟渠中含量分别为 0.52 μg/L,生态沟渠中吡蚜酮的含量则只有水泥沟渠出水中含量的 15%左右,生态拦截技术的应用对吡蚜酮的处理效果十分明显。

8 月中旬示范区用药后,噻嗪酮的在示范区沟渠中的含量与施用噻嗪酮田块中含量相比,含量相对较低,只有 1 μg/L 左右,低于 19~23 μg/L 的使用噻嗪酮田块中水体含量。在水泥沟渠中,2 处采样点中噻嗪酮的含量平均为 1.4 μg/L,而在生态沟渠中,2 处采样点中噻嗪酮的含量平均为 0.25 μg/L,且在同一生态沟渠中,靠近源头端中检出噻嗪酮的含量为 0.5 μg/L,而靠近生态沟渠末端出水处的采样点则未检出噻嗪酮,这些结果都表明经过沟渠生态拦截后,水体中噻嗪酮的含量控制效果较为明显,且生态拦截距离越长,对噻嗪酮农药的去除效果越明显。

在 8 月中旬前后,由于示范区内基本未使用丙环唑,农田沟渠中也基本未检出丙环唑,在 8 月下旬示范区使用丙环唑后,水泥沟渠中采集的水样中丙环唑的含量为 2.8 μg/L,而在生态沟渠采集的水样中丙环唑的含量则为 1.1 μg/L,只有水泥沟渠中含量的 40%左右,生态生态沟渠对丙环唑的去除效果较为明显。

氯虫苯甲酰胺和吡虫啉由于在这一阶段示范区内使用量相对较少,沟渠中检出量也相对较低,氯虫苯甲酰胺基本未检出,吡虫啉的含量也多在 0.01 μg/L 左右,接近于水体背景含量,生态拦截技术的应用效果不易体现。

这些结果都表明,生态沟渠的设置对农药的拦截处理具有很好的效果,对目前稻田中常用的氟铃脲、噻嗪酮、吡蚜酮以及丙环唑等农药的拦截处理效果显著好于水泥沟渠,拦截效率一般要高 30%甚至 50%以上。

6.2.5　农田排水农药生态处理技术示范

农田排水尾水生态利用处理技术工程则是利用沟渠排水经过沟渠汇集到一水塘中,水塘中种有大量的植物,其附有较多的水生动物等,水塘经过筑坝,流出的水量保持一稳定流量,示范区内考察断面位于流出的水坝处。图 6-12 和图 6-13 为生态氧化塘和生态截留坝的实景图。

图 6-12　生态氧化塘实景图

生态氧化塘与两条沟渠均相连,收集两条沟渠的排水,氧化塘面积 10 000 m² 左右,平均深度 1.5 m 左右,共蓄水约 1.5 万 m³,氧化塘中有大量的生物,周边有较多的芦苇等草本植物以及木本植物。

氧化塘出水入河流处,设有一圈竹质围挡,用以拦截水体中漂浮物,围挡后侧 2 m 处,建有一生态跌落坝,并可控制水流流速,实现氧化塘中有效蓄水。

8 月中旬用药前后,水泥沟渠中检出了含量为 1.0～1.8 μg/L 噻嗪酮,生态沟渠中检出

图 6-13　生态氧化塘出水处的围挡及跌落坝

了含量为 0~0.5 μg/L 噻嗪酮，而经过生态塘的利用处理后，生态氧化塘出水中已未检出噻嗪酮，表明经过生态塘的尾水生态利用处理后，通过氧化塘的蓄积，延长了噻嗪酮的滞留时间，促进其降解，有效地降低了尾水出水中的噻嗪酮残留。8 月下旬由于示范区内未使用噻嗪酮，沟渠和生态塘出水均未检出噻嗪酮。

8 月中旬示范区吡蚜酮未使用，沟渠和生态塘出水也均未检出吡蚜酮含量（表 6-14）。在 8 月下旬，示范区大量使用吡蚜酮后，水泥沟渠中检出了吡蚜酮含量为 3.7 μg/L，结果如表 6-15 所示，生态沟渠中检出吡蚜酮含量为 0.52 μg/L，而生态氧化塘利用处理后的出水中吡蚜酮的含量仅为 0.41 μg/L，尾水生态利用处理有效地去除了水体中的吡蚜酮（表 6-15）。

表 6-14　示范区生态氧化塘对几种常用农药的处理效果（2009.8.14）

采样点	噻嗪酮/(μg/L)	吡蚜酮/(μg/L)	吡虫啉/(μg/L)	备注
水泥沟渠 1	1.0	0.033	0.026	
水泥沟渠 2	1.8	0.044	0.031	
生态沟渠 1	0.5	0.020	0.007	丙环唑、氯虫苯甲酰胺均未检出
生态沟渠 2	—	0.023	0.009	
氧化塘出水	—	0.021	0.013	

表 6-15　示范区生态氧化塘对几种常用农药的处理效果（2009.8.27）

采样点	吡蚜酮/(μg/L)	吡虫啉/(μg/L)	丙环唑/(μg/L)	备注
水泥沟渠	3.70	0.01	2.8	
生态沟渠	0.52	0.01	1.1	噻嗪酮、氯虫苯甲酰胺均未检出
氧化塘出水	0.41	0.01	0.8	

示范区 8 月下旬使用丙环唑后，水泥沟渠中采集的水样中丙环唑的含量为 2.8 μg/L，生态沟渠采集的水样中丙环唑的含量则为 1.1 μg/L，生态氧化塘处理后的出水中丙环唑的

含量降为 0.8 μg/L，沟渠排水经过生态利用处理后一定程度上也有效地去除了水体中的丙环唑。

氯虫苯甲酰胺和吡虫啉由于在这一阶段示范区内使用量相对较少，沟渠中检出量也相对较低，生态氧化塘出水中检出量较低，接近于水体背景含量或未检出，尾水生态利用处理技术的应用效果不易体现。

对于目前水稻种植中常用的农药，采用滞留塘生态处理技术，可有效降低出水中这几种农药的含量，处理效率一般可达 50%左右，部分农药品种可做到有效去除。

6.2.6　水稻种植农药使用统防统治管理技术示范

6.2.6.1　农药使用统防统治管理体系思路

水稻种植农药统防统治管理技术体系示范，主要开展方式为根据当地病虫害发生的高峰状况，统一用药决策，统一用药时间，统一用药品种和用量，减少不必要的农药使用和保险药施用。

6.2.6.2　农药使用统防统治管理组织形式

1）专业化水稻病虫害防治人员

在示范区建立一支专业化的水稻病虫害防治队伍，并建立统一的病虫害观察体系，根据当地病虫害实际发生状况，采用精准用药器械，统一用药。专业队伍使用的喷药器械如图 6-14 所示。

图 6-14　农药统防统治使用专业车载喷药器械

2）"以奖促治"补贴管理办法

对参加水稻种植农药使用统防统治示范的农户，采用以奖促治的方法，每亩农田提供补贴 40 元，提高农户参加统防统治示范的积极性，达到以奖励促进农药污染控制的效果。

3）农药使用统防统治管理体系工作流程

农药集中统防统治技术管理模式研究应用的流程如图 6-15 所示，根据当地病虫害的观测情况，进行病虫害发生高峰的时段与发生情况的预测，并进行统一用药方式的决策，统一用药时间，统一用药品种和用量，开展病虫害防治工作。

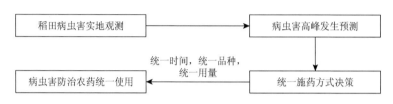

图 6-15　农药集中统防统治技术管理模式

4）农药统防统治管理技术模式应用效果

应用统防统治管理技术模式后，在用药后 1～5 d 进行农田病虫情大范围观察，以了解用药的防治效果（与对照未用药相比）。几次用药后短期内病虫情调查结果发现，防治后 2～3 d 调查，由于时间短，药剂见效慢，许多昆虫虽活动能力大为下降，但昆虫死亡数则相对较少，在统计昆虫数目时，防治效果一般很难表现出来，遂后期采用短期观察结合长期监测的方法来观察用药的病虫害防治效果。

为更好地研究示范区农田病虫害的防治情况，在水稻生长后期 2009 年 9 月 28 日对水稻种植农药控源示范区进行了水稻种植农药统防统治管理技术模式后期几种病虫害防治效果普查监测调查，调查的病虫害对象为稻飞虱、稻纵卷叶螟、水稻纹枯病和稻曲病，防治效果的调查结果如表 6-16 所示。

表 6-16　应用统防统治管理技术水稻病虫害防治效果

处理	稻纵卷叶螟防治效果/%	稻飞虱防治效果/%	纹枯病发生率/%	稻曲病病穗率/%
统防统治管理技术模式	75.9	83.3	1.04	0
农户分散单独用药	81.9	86.3	3.13	2

农药统防统治管理技术模式示范是由当地的农户根据病虫害预测情况，统一进行农药使用的工作，开展示范工作后对病虫害的防治效果见表 6-16，从中可以看出，水稻种植农药统防统治管理技术模式示范开展后，对稻纵卷叶螟和稻飞虱的防治效果分别为 75.9% 和 83.3%，纹枯病和稻曲病的发病率则分别为 1.04% 和 0，而农户分散单独用药情况下，稻纵卷叶螟和稻飞虱的防治效果分别为 81.9% 和 86.3%，纹枯病和稻曲病的发病率则分别为 3.13% 和 2%，水稻种植农药统防统治管理技术模式的开展并未明显影响水稻病虫害的防治效果，防控效果均较为理想，与当地农户高用药情况下的防治效果相当，某些病虫害防治效果甚至更优，这些结果都表明水稻种植农药统防统治管理技术模式示范开展后，不

仅在短期内有效地控制了稻飞虱、稻纵卷叶螟、水稻纹枯病和稻曲病等主要水稻病虫害的发生，而且在整个水稻生育期内，包括各后期生长等各病虫害重点发生阶段都很好地控制了病虫害的发生，与当地农户分散单独用药相比，实施水稻种植农药统防统治管理技术模式示范取得了较好的防控效果，病虫害发生状况也大为减轻。

实施水稻种植农药统防统治管理技术模式对水稻病虫害的控制取得了较为理想的防治效果，进一步分析其对水稻产量的影响。农药统防统治管理技术模式的开展与农户分散单独用药情况下水稻的产量如表 6-17 所示，从表中可以看出，农药统防统治管理技术模式开展后，4 块调查田块中水稻的产量为 8 122.2～10 291.7 kg/hm²，而农户分散单独用药情况下，3 块调查田块中水稻产量为 7 832.9～8 054.3 kg/hm²，农药统防统治管理技术模式开展对水稻产量没有明显的不利影响，与农户分散用药情况下相比，农药统防统治管理技术模式开展有效地提升了水稻的产量。

表 6-17　应用统防统治管理技术模式的水稻产量

不同用药情况	调查田块数	理论产量/(kg/hm²)
统防统治管理技术模式	4	8 122.2～10 291.7
农户分散单独用药	3	7 832.9～8 054.3

开展农药统防统治管理技术模式示范的农田间水稻产量多高于农户分散用药情况下水稻产量，开展农药统防统治管理技术模式示范可提高水稻的产量，增加了产出效益，还可因病虫害的有效防治，减少了农药使用，大大提高水稻种植的经济效益。

在水稻种植示范期内，开展农药统防统治管理技术模式示范的农田共计用药 6 次，而当地农户分散单独用药共计用药 7 次，结果如表 6-18 所示，农药统防统治管理技术模式示范减少了农药使用的次数，大为节约了用药的人工成本，同时也减轻了农田农药污染的持续性概率，从源头大大降低了污染发生的概率。

表 6-18　应用统防统治管理技术模式的农药使用控制效果

	用药次数	农药总使用量/(g/亩)	总使用有效含量/(g/亩)
统防统治管理技术模式	6	2 347	222
农户分散单独用药	7	2 874	343
统防统治比农户分散用药减少的使用量	1	527	121

当季当地农户分散单独用药经平均统计，农药总用量和有效用量分别为 2 874 g/亩和 343 g/亩，如表 6-18 所示，而开展农药统防统治管理技术模式示范后，防治病虫害农药总用量为 2 347 g/亩，总使用有效含量分别为 222 g/亩，农药使用量和有效含量减少使用分别达到了 527 g/亩和 121 g/亩，比农户单独用药减少比例则分别达到了 20%和 35%左右，农药源头使用污染控制的效果较为显著，农药流失潜能也大为降低。由于当地农户分散用药情况下，存在打保险药的习惯，往往造成了用药次数和用药量不必要的增加，而在统防统治管理模式可在不影响水稻生产的前提下，有效地降低了农药的使用量，对农药污染的控制效果十分明显。

开展统防统治管理技术模式后，所用农药的总生态毒性负荷为 11 859，结果如表 6-19 所示，这与农户分散用药情况下较为接近，但在对水体影响较为直接的理论进入稻田间水体农药含量和雨季理论进入稻田间水体农药含量两项指标上，采用统防统治管理技术模式后，理论进入稻田间水体的农药有效含量为 82 g/亩，雨季流失进入水体的农药含量为 40 g/亩，显著低于农户分散单独用药情况下理论流失量 152 g/亩和雨季流失量 105 g/亩，减少的进入水体的流失量达到了 70 g/亩和 65 g/亩，减少率分别达到了 46%和 61%，源头流失控制的效果十分显著。

表 6-19　应用统防统治管理技术模式的农药污染控制效果

	理论进入稻田间水体农药含量/(g/亩)	雨季理论进入稻田间水体农药含量/(g/亩)	施入农药的总生态毒性负荷/(当量/亩)
统防统治管理技术模式	82	40	11 859
农户分散单独用药	152	105	11 347

据当地往年统防统治防控效果统计数据，开展农药统防统治使用技术管理模式，一般可比当地农户分散用药减少 20%左右的农药用量，减少 30%以上的有效用药，这与当季开展示范的情况也比较一致。同时统一用药还可大大节约用药成本，提升防治开展的效率，提高防治的效果，以经济效益的提升推动农药污染控制的水平，并可大大加快污染控制工作的开展。

6.3　水稻种植农药污染控制与消减技术推广

6.3.1　技术体系示范的农药减排效果

水稻种植农药污染控制消减示范区示范面积 1 000 余亩，种植作物为水稻，主要采用水稻种植源头控制消减集成技术、农田排水生态拦截技术及农田排水生态滞留处理技术进行农药排放的减排，实施农药使用全程控制技术可最终减少示范区内水体中农药目标污染物总量减量 30%~35%，完成了"十一五"期间示范区工程水体中目标农药和兽药污染物总量减少 20%的预期目标。

在水稻种植农药源头使用控制示范区内，分别开展了实时用药技术示范、农药使用替代消减技术示范和统防统治管理技术模式示范，这 3 类示范面积分别占示范区总面积的 20%、20%和 60%，农药源头使用控制结果如表 6-20 所示。当季当地农户分散单独用药平均农药总用量和有效用量分别为 2 874 g/亩和 343 g/亩。实施水稻种植农药实时用药技术示范区在当季水稻种植季，防治病虫害农药总用量为 1 396 g/亩，总使用有效含量为 185 g/亩；开展农药使用替代消减技术的示范区农药使用量只有 1 458 g/亩，制剂的有效含量为 164 g/亩；开展农药统防统治管理技术模式示范后，农药总用量为 2 347 g/亩，总使用有效含量为 222 g/亩。

按照面积加权比重计算后，结果显示，示范区内农药总用量比目前当地农户分散用药平均减少 30.8%，制剂有效用量减少 35.2%。考虑到当地目前也有部分农户开展农药合作使用措施等因素，示范区内农药总用量可比目前当地常规条件下平均减少 15%，制剂有效用量减少 18%左右（表 6-20）。

表 6-20 控制技术应用示范区农药使用源头减量情况

技术应用	面积比例/%	农药总使用量/(g/亩)	总使用有效含量/(g/亩)
实时精准用药技术	20	1 396	185
农药使用替代消减技术	20	1 458	164
统防统治管理技术模式	60	2 347	222
当地农户分散单独用药（对比）		2 874	343
示范区总体农药源头消减量比例（面积比重加权后结合当地情况平均）		15%	18%

当地水稻种植中常使用的杀虫剂吡蚜酮和杀菌剂丙环唑施药后，农田间水体中两种农药平均总含量为 12.5 μg/L，结果如表 6-21 所示，排水进入沟渠后平均总含量为 3.2 μg/L，生态拦截技术的实施后两种农药含量降为 1.7 μg/L，经过滞留生态处理技术处理后两种农药含量降为 1.2 μg/L，生态拦截处理对这两种农药处理效率约达 60%。考虑到当地还存在较多其他品种农药的使用情况，经平均计算，生态拦截及滞留处理技术可降低排水中农药目标污染物含量达到 20%～30%。开展农药源头使用控制与生态拦截及滞留处理技术联合串联示范，可最终减少示范区内水体中农药目标污染物总量，减量 30%～35%。

表 6-21 拦截处理技术应用示范区农药流失消减量

吡蚜酮和丙环唑两种农药平均总含量	检测总含量/(μg/L)
农田间水体	12.5
排水进入沟渠	3.2
生态拦截技术处理后	1.7
生态滞留技术处理后	1.2
集成技术消减比例（以进入沟渠排水为基准）	20%～30%
串联技术总消减比例	30%～35%

6.3.2 技术推广应用效果

技术体系在苕溪及太湖流域具有一定的通适性，可在苕溪 200 万亩的水稻种植及太湖 1 856 万亩水稻种植面积上加以推广。

实施水稻种植实时用药技术，可比当地农户分散单独用药每亩减少 1.5 kg 左右的农药用量，减少 0.15 kg 左右的有效用量，在东苕溪流域 200 万亩的水稻种植加以推广，开展水稻种植实时精准用药技术，可减少 3 000 t 的农药制剂用量，农药有效用量减少 300 吨左右，减少流失进入水体的农药有效含量 150 t 左右。如在目前太湖 1 856 万亩水稻种植中加以推广,将对太湖流域内水体的生态安全提供有力的保障,对水体生态功能恢复、水环境安全也有着十分积极的意义。

实施水稻种植农药使用替代消减技术,可比当地农户分散单独用药每亩减少 1.4 kg 左右的农药用量,减少 0.18 kg 左右的有效用量。在苕溪流域水稻种植面积 200 万亩内加以推广,可减少 2 800 t 的农药制剂用量,农药有效用量减少 360 t 左右,减少流失进入水体的农药有效含量 200 t 左右。

在东苕溪流域内推广水稻种植农药统防统治使用管理技术模式,可节约人工成本 2 000 万元以上,减少农药制剂用量 1 000 t,减少农药制剂有效含量用量 240 t,减少农药有效含量流失 140 t,在对水体环境影响较大的降雨季,减少农药有效含量流失量达到 120 t 左右。

在东苕溪流域内推广农药废弃瓶袋回收管理模式示范,可减少进入环境中农药制剂污染量达到 50~200 t。

东苕溪流域内推广生态拦截技术,对于目前水稻种植常用的农药,可以提高 30%以上的拦截效率,进入河流等公共水体的农药含量可降低 30%~50%。

生态滞留处理技术在水稻种植区域加以推广,对于目前水稻种植常用的农药,处理效率可达 20%~50%,部分农药品种可有效地去除,这样进入河流、湖泊等水体以及部分饮用水源地的农药含量将大为降低。

6.4　本　章　小　结

(1)主要的控制与消减技术包括水稻种植农药替代使用技术、农药实时精准使用技术、农田排水农药生态拦截技术、农田排水农药生态处理利用技术,农药统防统治管理技术模式,农药废弃瓶袋回收管理技术模式。

(2)建立水稻种植农药污染控制与消减技术示范区 1 000 亩,示范区水稻用农药使用总量消减 30.8%以上,水稻田用农药向开放水体排放总量减少 35%。每亩水稻田可减少农药有效使用含量 121~179 g。

(3)开展水稻种植农药污染控制与消减技术推广,推广面积 200 万亩水稻田,可减少农药等有毒农药制剂 7000 t。

本章主要参考文献

陈卓,宋宝安. 2011. 南方水稻黑条矮缩病防控技术[M]. 北京:化学工业出版社.

黄世文. 2010. 水稻主要病虫害防控关键技术解析[M]. 北京:金盾出版社.

刘宇,刘万才. 2011. 2010 年水稻重大病虫发生概况与原因分析[C]//全国农业技术推广服务中心. 农作物重大病虫害监测预警工作年报 2010[C]. 北京:中国农业出版社.

刘小燕,杨治平,黄璜,等. 2004. 湿地稻鸭复合系统中田间杂草的变化规律[J]. 湖南农业大学学报:自然科学版,30(3):292-294.

全国农业技术推广服务中心. 2011. 农作物重大病虫害监测预警工作年报 2010[M]. 北京:中国农业出版社.

杨治平,刘小燕,黄璜,等. 2004. 稻田养鸭对稻飞虱的控制作用[J]. 湖南农业大学学报:自然科学版,30(2):103-106

张学哲. 2005. 作物病虫害防治[M]. 北京:高等教育出版社.

章家恩，方丽. 2008. 关于我国农田福寿螺生物入侵需要加以研究的生态学问题[J]. 中国生态农业学报，16（6）：1585-1589.

中国农业年鉴编辑委员会. 2011. 中国农业年鉴 2010[M]. 北京：中国农业出版社.

周国辉，张曙光，邹寿发，等. 2010. 水稻新病害南方水稻黑条矮缩病发生特点及危害趋势分析[J]. 植物保护，36（2）：144-146.

朱有勇，陈海如，范静华，等. 2003. 利用水稻品种多样性控制稻瘟病研究[J]. 中国农业科学，36（5）：521-527.

第7章　农业面源污染农药生态风险管理技术

风险评价（risk assessment，RA）是以化学、生态学、毒理学为理论基础，应用物理学、数学和计算机等科学技术，评估人类各种社会经济活动对人体健康、社会经济、生态系统等所造成的可能影响。根据受影响对象来分，风险评价可分为健康风险评价和生态风险评价；根据评价介质来分，风险评价又可分为大气、水生和陆生风险评价。

本书重点关注农药面源水污染所引起的生态风险和健康风险。研究首先建立农药风险评价技术，包括农药对水生生物的风险评价技术和农药健康风险评价技术，内容涵盖风险评价技术涉及的受体选择、终点确定、暴露评价、效应评价及风险表征等一系列关键过程。并应用建立的技术对东苕溪流域农药使用对水生生物和人体健康的风险进行评价，旨在为该流域农药污染控制提供科学依据。

7.1　农药风险评价技术建立

7.1.1　农药生态风险评价技术

7.1.1.1　农药生态风险评价的一般程序

生态风险评价过程主要分为3个阶段：问题表述（problem formulation）、分析（analysis）和风险表征（risk characterization）。

1）问题表述

问题表述是农药生态风险评价的第一个阶段，是整个评价的依托。该阶段最初的工作是将污染源、生态系统及受体特征等多方面的信息综合起来考虑，然后达到以下目的：①确定能充分反映管理目标的评价终点；②形成描述一个胁迫与评价终点或多个胁迫与评价终点之间重要关系的概念模型；③制订分析计划。

2）问题分析

问题分析是对风险涉及的两个主要部分——暴露和效应以及它们之间的相互关系进行研究的过程。目的是确定或预测生态受体在暴露条件下的生态效应。

问题分析将问题表述与风险表征联系起来。问题表述阶段选择的评价终点、建立的概念模型是分析阶段的焦点和框架。分析阶段工作内容包括：①对分析所需的资料和模型进行评价，选择可用的数据和模型；②通过分析风险源在环境中的分布、风险源与受体接触或共存的程度来分析暴露度（暴露评价）；③通过分析剂量-效应关系及效应与评价终点之间的关系进行效应分析（效应评价）；④概述暴露评价和效应评价的结论。

3）风险表征

风险表征是生态风险评价的最后一个阶段。该阶段又分三步,第一步风险评估,对分析阶段产生的暴露和效应数据进行整合,对风险做出评估;第二步风险描述,对一系列正反两方面的证据进行评价,对风险进行描述;第三步报告风险,对各种不确定性及假设进行总结并将结论报告给风险管理者。

风险表征的方法主要分为两大类:定性的风险表征和定量的风险表征。定性的风险表征主要回答风险的有无及风险的性质;定量的风险表征,不但要说明有无不可接受的风险及风险的性质,还要定量说明风险的大小。

需要注意的是,虽然问题表述、问题分析和风险表征这三个过程是依次进行的,但生态风险评价通常是一个反复的过程。在进行分析和风险表征时常常会重新回到第一阶段去收集新的数据并进行新的分析和风险表征。

7.1.1.2　农药对水生生物的多层次风险评价程序

农药对水生生物的风险评价遵循农药生态风险评价的基本程序,同时为避免重复劳动、增强评价的逻辑性,形成了多层次的评价程序。在这种多层次的评价程序中,首先进行低层次的评价,即筛选水平的评价。该层次评价以保守假设和简单模型为基础来评价农药对非靶水生生物的风险,评价焦点集中在那些最有问题的农药及使用方式上。筛选水平的评价快速地以后的工作排出优先次序。筛选水平的评价结果通常比较保守,预测的浓度往往比实际环境中的浓度要高。如果筛选水平的评价结果显示有不可接受的高风险,那么就要进入更高层次的评价,更高层次的评价需要更多的数据、使用更复杂的模型或进行实际监控研究,试图接近实际的环境条件,从而进一步确认筛选评价过程所预测的风险是否仍然存在。

农药对水生生物风险评价每一层次的结构都是相同的,都有问题表述、分析和风险表征三个阶段。每一层次的评价首先从问题表述阶段开始,将污染源、生态系统及受体特征等多方面的可用信息综合起来考虑,确定评价受体和评价终点。

低层次的评价通常选择鱼、溞、藻等代表性水生生物作为评价受体,以其个体死亡率、活力抑制率及慢性繁殖损伤作为评价终点,高层次评价往往会根据低层次评价的结果适当增加评价受体的种类,如低层次评价表明某种农药在水体中的浓度较高且土壤对该农药的吸附性较强,则高层次评价可能需要考虑该农药对水生底栖生物的风险。评价受体和评价终点确定后即分别进行生态效应分析和暴露分析,低层次生态效应分析即进行受试农药对评价受体的室内急慢性毒性试验,最终得到 LC_{50}、EC_{50} 及无可观察不利效应浓度（no observed adverse effect concentration,NOAEC）等毒性终点值。高层次生态效应分析往往在低层次效应分析的基础上进行微观、中观、田间模拟等研究,确定农药在接近实际使用情况下的生态效应。水生暴露分析需要得到水体环境中的农药暴露浓度值（EEC）,低层次暴露评价通常通过假设估算、简单模型预测实现;高层次暴露评价则需要更多数据、采用更复杂的模拟乃至实际监测。

风险表征阶段,低层次评价一般用风险熵值进行风险表征,即把假设估算、模型预测或实际监测得到的农药环境浓度与实验室测得的毒性终点值相比，得到风险熵值，最后将得到的风险熵值与关注标准进行比较，从而对农药的生态风险做出初步的判断，高层次评价则需要对潜在风险发生的概率进行表征。评价层次之间主要通过各个层次所需的数据以及各个层次的输出结果来区分。在每一个层次的最后，评价者都要对该层次的评价结果进行评估，并决定是否要进行下一个层次的评价。

7.1.1.3　农药水生生物风险评价的关键技术

在农药对水生生物的风险评价过程中，较为关键的技术步骤主要包括：生态受体的选择、评价终点的确定、暴露评价方法及风险表征方法的选择。

1）生态受体选择

生态受体（ecological receptor）是指暴露于胁迫之下的生态实体。它可以指生物体的组织、器官，也可以指种群、群落、生态系统等不同生命组建层次。

根据农药的使用特点、生物类群的敏感程度与生态价值、暴露方式等方面选择典型的、有代表性的生物体作为生态受体，以反映农药使用对水生生态系统的影响。推荐采用如下生态受体（表 7-1）进行生态风险评价时，应根据评价目的及农药管理目标，从中选择合适的生物体作为生态受体。

表 7-1　用于水生生物风险评价的生态受体

生物类别	拉丁名	中文名
两栖类	*Rana limnocharis*	泽蛙
	Xenopus laevis	非洲爪蟾
鱼类	*Brachydanio rerio*	斑马鱼
	Cyprinus carpio L.	鲤鱼
	Oncorhynchus mykiss	虹鳟鱼
	Oryzias latipes	青鳉
	Gobiocypris rarus	稀有鮈鲫
枝角类	*Daphnia magna* Straus	大型溞
藻类	*Chlorella vulgaris*	小球藻
	Scenedesmus obliquus	斜生栅藻
	Selenastrum	羊角月芽藻

2）评价终点确定

评价终点（assessment endpoint）是对那些受体所具有的、需要保护的重要生态环境价值的清晰描述，通过生态受体及其属性特征来确定。

农药对水生生物风险评价涉及的评价终点包括急性评价终点和慢性评价终点。在进行某一具体的风险评价工作时，应根据农药自身的特点、暴露方式及保护的目的等方面选择合适的评价终点，以反映农药使用对水生生态系统的影响。推荐采用的评价终点如下（表 7-2）。

表 7-2 推荐用于水生生物风险评价中的评价终点

生态受体	急性评价终点	慢性评价终点
泽蛙	LC_{50}	NOAEC
非洲爪蟾	LC_{50}	NOAEC
斑马鱼	LC_{50}	NOAEC
鲤鱼	LC_{50}	NOAEC
虹鳟鱼	LC_{50}	NOAEC
青鳉	LC_{50}	NOAEC
鲍鲫	LC_{50}	NOAEC
大型溞	LC_{50}	NOAEC
小球藻	LC_{50}	NOAEC
斜生栅藻	LC_{50}	NOAEC
羊角月芽藻	LC_{50}	NOAEC

3）暴露评价

暴露评价（exposure assessment）主要研究有害物质在生态环境中的时空分布规律以及如何从风险源到受体的过程。暴露评价是整个生态风险评价的技术重点。目前，对于农药的水生暴露评价，可采用以下几种方法：假设估算、田间研究、模型预测。

假设估算。假设估算是暴露评价最简单的方法，对于水生暴露而言，主要根据农药使用量、农田面积、农药流失比例及水体体积来估算水体中的农药浓度。其中最主要是确定农药从农田向水体的流失量，流失量包含漂移量加上随地表径流流入水体的量。在旱地作物施用农药后农药流失至水体的量与稻田使用农药后农药流失至水体的量不同，后者因为涉及排水的问题，所以农药流失至水体的量更大。根据我国农药使用方式，推荐采用的流失量为旱地作物 5%、稻田 15%。

应用假设估算方法进行暴露评价时，水体中预计暴露浓度可采用下式进行计算。

$$水体中预计暴露浓度 = \frac{农田面积 \times 单位面积农药使用量 \times 农药流失比例}{目标水体体积}$$

田间研究。田间研究又分为田间试验和实际监测。田间试验是对室内研究或微观研究的放大，与室内研究或微观研究相比，田间研究规模较大，且能更好地反映真实环境中存在的反应。

实际监测指在完全未受控制的条件下测定农药在各环境介质中的行为、残留，由于可控性更差，实际监测往往需要长时间地进行，即只有长时间的实际监测数据才能更好地说明问题。

需要说明的是，通过田间研究可获得农药在真实田间环境中的重要行为信息，但因为田间研究容易受气候、水文、土壤条件等各方面因素的影响，试验条件可控性较差，因此也存在一定的局限性。

模型预测。由于假设估算太过粗略，而实际监测耗费较大且有时无法实施，所以在进行暴露评价时，通常用模型预测来进行暴露评价，因此，模型是暴露评价的核心。在进行农药对水生生物风险评价时，可采用以下模型进行暴露浓度预测。

GENEEC 模型。GENEEC（generic estimated exposure concentration，GENEEC）模型是美国环保部门开发的，已被广泛用于第 1 个层次的水生生态风险评价。

PRZM-EXAMS 模型。PRZM（pesticide root zone model，PRZM）又称农药根际区带模型，是美国环保局开发的一个动态模型，主要用于模拟农药在作物根层中的转运和转化。EXAMS（exposure analysis modeling system，EXAMS）又称暴露分析模拟系统，也是美国环保部门开发的，用于预测农药在水生生态环境中行为变化。

RICEWQ-EXAMS 模型。RICEWQ（rice water quality）模型由美国 Waterborne 公司开发，该模型在水平衡和农药物量平衡的基础上模拟农药从稻田的转运。水平衡主要考虑降雨、蒸发、渗滤、溢流、灌溉、排水等过程；农药物量平衡则包括稀释、水平对流、挥发、在水和沉积物中降解、在水和沉积物之间进行分配等过程。

农药风险评价暴露模拟外壳 PRAESS。农药风险评价暴露模拟外壳（pesticide risk assessment exposure simulation shell，PRAESS）由生态环境部南京环境科学研究所与美国 Waterborne 公司共同合作完成的，它将 PRZM-EXAMS、RICEWQ-EXAMS、PRZM-ADAM 3 套模型与中国的典型场景结合起来，分别模拟旱地作物—地表水、水稻—地表水、旱地作物—地下水三种不同类型场景。模拟可分别得到旱地、水稻田附近水体以及地下水中的农药浓度，可用于农药在旱地作物、水稻上使用后对水生生物和地下水的风险评价。PRAESS 中包含的场景是我国农药使用的典型场景，是我国真正意义上的农药环境暴露模拟平台。

4）风险表征

风险表征是对暴露于各种胁迫之下的不利生态效应的综合判断和表达，是生态风险评价的最后一个阶段。具体是将计算得到的风险熵值与风险判别标准进行比较，判断风险等级，提出应该采取的风险管理措施，并对各种不确定性进行总结并将结论报告给风险管理者。

风险熵值计算。根据毒性终点值和暴露浓度值进行风险熵值的计算，风险熵值包含急性风险熵值和慢性风险熵值。

急性风险熵值。急性风险熵值（RQ）的计算式如下。

$$RQ = \frac{农药在水体中的峰值浓度}{毒性终点值EC_{50}或LC_{50}}$$

农药在水体中的峰值浓度可通过假设估算、模型预测、实际监测等方法获得；EC_{50}、LC_{50} 等急性毒性评价终点可通过开展实验室毒性试验研究或查阅文献资料获得。

慢性风险熵值。慢性风险熵值（RQ）的计算公式如下式。

$$RQ = \frac{农药在水体中的平均浓度}{慢性毒性终点值NOAEC}$$

慢性风险熵值计算中，农药在水体中的平均浓度主要通过模型预测的方法来获得，亦可通过实际监测的方法获得。慢性毒性终点值可通过开展实验室毒性试验研究或查阅文献资料获得。

7.1.2　农药健康风险评价技术

7.1.2.1　健康风险评价的一般程序

健康风险评价分四步进行：危害识别、剂量-反应评价、暴露评价和风险表征。

1）危害识别

危害识别是确定暴露于有害因子能否引起不良健康效应发生率升高的过程；即对有害因子引起不良健康效应的潜力进行定性评价的过程。

2）剂量-反应评价

剂量-反应评价是对有害因子暴露水平与暴露人群中不良健康效应发生率之间的关系进行定量评价的过程，主要研究毒性效应与剂量之间的定量关系。

3）暴露评价

暴露评价是对人群暴露于介质中有害因子的强度、频率、时间进行测量、估算或预测的过程。暴露评价和剂量-反应评价均为风险评价的定量依据。

4）风险表征

风险表征是对暴露于有害因子的人群在各条件下不良健康反应发生概率的估算过程。风险表征是风险评价的最后一个环节，主要通过综合前三步的资料来确定有害结果发生的可能性和概率、可接受的风险水平及评价结果的不确定性等。

7.1.2.2　农药健康风险评价技术模型

传统的农药健康风险评价方法是综合污染指数评价法。综合污染指数评价法是环保部门沿用多年的评价环境质量的主要方法，主要基于污染物浓度与质量标准限值的比较。对于农药健康风险评价来说，方法的应用主要体现在将模型预测或实际监测得到的水中农药浓度与水环境质量标准限值进行比较，确定风险有无。因此，综合污染指数评价法只能回答风险有无的问题，无法确定风险的程度及风险发生的概率。

定量健康风险评价法是定量地描述环境污染对公众健康危害的程度。该法将环境中对人体有害的物质分为两大类：基因毒物质和躯体毒物质，前者包括放射性污染物和化学致癌物；后者则指非致癌物。与此同时，建立了不同的风险评价数学模型。

1）基因毒物质对健康危害的风险模型

在一般水体中，尤其是作为水源地的水体，基因毒物质中的放射性污染物的污染程度很轻，一般检测不出。因此，通常仅考虑化学致癌物。对于化学致癌物可以有：

$$R^c = \sum_{i=1}^{k} R_{ig}^c$$

$$R_{ig}^c = (1 - e^{-D_{ig}Q_{ig}})/70$$

式中，R_{ig}^c 为化学致癌物 i 经食入途径的平均个人致癌年风险，a^{-1}；D_{ig} 为化学致癌物 i 经食入途径的单位体重日均暴露剂量，mg/(kg·d)；Q_{ig} 为化学致癌物 i 经食入途径的致癌强度系数，mg/(kg·d)；70 为人类平均寿命，a。

饮水途径的单位体重日均暴露剂量 D_{ig} 按下式计算：

$$D_{ig} = 2.2C_i/70$$

式中，2.2 为成人平均每日饮水量，L；C_i 为化学致癌物或躯体毒物质的质量浓度，mg/L；70 为人均体重，kg。

2）躯体毒物质对健康危害的风险模型

$$R^n = \sum_{i=1}^{l} R_{ig}^n$$

$$R_{ig}^n = (D_{ig} \times 10^{-6}/f_{ig})/70$$

式中，R_{ig}^n 为躯体毒物质 i 经食入途径的平均个人非致癌年风险，a^{-1}；f_{ig} 为躯体毒物质 i 经食入途径的参考剂量，mg/(kg·d)；70 为人类平均寿命，a。

致癌强度系数及参考剂量可查阅相关资料（如美国 EPA 制定的 RSL 表）。对于不同地区的不同评价对象，可以根据污染物浓度及类型、成人每日平均饮水量、人均体重以及人均寿命等因素变化来校正模型。

3）总体健康风险模型

在评价水体中有毒物质所引起的总体健康风险时，通常假设各有毒物质对人体健康危害的毒性呈相加关系，即总体健康风险 $R_{总}$ 可表示为

$$R_{总} = R^c + R^n$$

该式即为总体健康风险评价模型。

在进行风险表征时，将总体健康风险与国外相关组织机构（如国际放射防护委员会、英国皇家学会等）推荐的最大可接受风险水平相比较，得出风险高低的结论。

7.1.2.3　东苕溪流域农药风险预测

东苕溪是太湖的重要支流，干流长 157.4 km，流域面积 4 576.4 km²，多年平均径流量 29.8 亿 m³，流域内以水稻种植为主。为了更准确地评价流域内农药使用对水生生物及人体健康的风险，首先要进行暴露评价，即预测出农药使用后经地表径流、排水等途径进入东苕溪后水体中农药的残留浓度。为了使预测结果更接近实际，采用高层次的模型（RICEWQ-EXAMS）来进行评价。首先构建包括当地气候、土壤、水体、作物种植等各方面信息的场景，并对目前在国外广泛应用的暴露评价模型进行二次开发，最后应用构建的场景和开发的模型对东苕溪流域常用的农药品种对水生生物和人体健康的风险进行预测。

1）东苕溪流域暴露评价场景的建立

在高层次农药生态风险评估中，因采用的模型更为精细，模型需要参数也相对较多，除了农药理化特性方面的信息，还需要农药使用方面的数据，以及农药使用地的气候数据、土壤数据、农作物数据、作物种植管理信息等，这些信息的综合就构成了暴露评价场景。

场景构建原则。场景构建的原则指在确定场景所包含的各种因素的特征时需要遵循的原则。在构建场景时需要考虑的因素包括：作物类型、作物种植面积、土壤特性、气候特征、水体特性等。在农药生态风险评价中，为保护绝大多数的目标，需要通过暴露模型和场景得到一个或一系列相对保守的暴露值，因此，在构建暴露场景时，其总体原则为"现实中最坏条件"原则，即在确定场景包含的各因素的特征时要尽可能地选择一些现实中存在的、"最坏"的特征，即最有利于造成农药污染的特征，但需要注意的是，此处的"最坏"并不是指极恶劣的条件，而是现实中存在的相对恶劣的条件，只有这样，得到的暴露值才不至于过度保守，高层次评价才能体现出其意义。

场景构建方法。首先需要确定场景点，因东苕溪干流有近 60%在杭州境内，而在东苕溪流经的各地区中（临安、杭州、德清、湖州），只有杭州是气象台站分布位点，因此选择杭州为东苕溪流域范围内小尺度上的地表水场景点。接着收集杭州境内稻田土壤的相关信息，包括所属土种、土壤质地、有机质含量、面积等（表 7-3）。所有土种按有机质含量由高到低顺序排列，选取有机质含量第 10 百分位处对应的土种作为该区域内"最坏"的土种。此处确定为黄松田，黄松田属渗育水稻土亚类、渗潮泥田土属，其在嘉兴市海盐、海宁和杭州市江干、半山区面积最大，典型剖面采自余杭翁梅乡联盟村王家畈。

表 7-3　境内稻田土壤的相关信息

土种名	土壤质地	有机质含量/%	面积/万亩
黄粉泥田	粉砂质黏壤土	4.7	53.8
焦砾塃黄泥沙田	黏壤土	3.58	39.8
泥质田	壤土	1.9	85.2
泥沙田	黏壤土	2.48	150.7
黄泥沙田	壤质黏土	3.34	325.9
黄松田	黏壤土	1.56	11.1
培泥沙田	砂质黏壤土	2.03	115.9

在确定了场景点之后，需要收集模型模拟所需的场景相关参数，包括气象参数、土壤参数、作物参数、水体及流域参数。

气象参数。模型运行需要场景点 30 年间每天、5 个气象要素的数据，这些气象要素主要包括：每日平均温度（℃）、每日降雨量（mm/d）、每日平均风速（m/s）、每日平均蒸发量（mm/d）和每日平均云量。前 3 个要素 30 年（1971～2000 年）的历史数据从中国气象科学数据共享服务网上获得，后两个要素的数据从国家气候中心购买得到。

土壤参数。场景所需的土壤参数主要包括典型土壤剖面不同土层的厚度、土壤质地、pH、砂粒含量、黏粒含量、有机质含量、容重等。这些数据主要从中国土种志、中国土壤数据库、中国土壤科学数据共享服务网得到。杭州场景点土壤特性参数见表 7-4（数据来自中国土壤数据库）。

表 7-4　杭州地表水场景土壤特性参数

剖面	深度/cm	质地	pH-H₂O	砂粒含量/%	黏粒含量/%	有机质含量/%	容重/(g·cm⁻³)
Aa	0～15	CL	6.0	48.43	16.39	1.56	—
Ap	15～23	L	6.8	47.24	14.57	1.39	—
P	23～60	CL	7.7	34.03	21.47	0.64	—
C	60～100	LS	8.0	86.5	3.0	0.17	—

作物参数。场景点需要的作物（水稻）参数主要包括：作物（水稻）的萌芽、成熟、收获日期，灌溉方式，成熟期作物冠层的最大高度等。这些参数主要通过资料查询结合实地调查得到，杭州场景点作物（水稻）参数见表 7-5。

表 7-5　杭州水稻参数值

参数名称	参数值	参数名称	参数值
作物萌芽日期	6.10	二次排水的日期	10.28
作物成熟日期	10.28	最大排水速率/(cm/d)	5
作物收获日期	11.18	灌溉速率/(cm/d)	2
作物冠层最大覆盖度	0.8	稻田出水口的深度/cm	15
初次灌溉的日期	6.1	稻田初始水深/cm	0
初次排水的日期	9.10	田间水多浅时开始灌溉/cm	3
二次灌溉的日期	9.20	田间水多深时需停止灌溉/cm	5

水体及流域参数。水体参数包括水体的长、宽、深、pH，底泥的容重、有机质含量，水的平均流速、每月的平均温度等；流域参数包括受纳水体周围作物的种植面积、农药处理的农田面积等。这些参数主要通过实地调查结合专家判断得到（表 7-6～表 7-9）。

表 7-6　地表水场景点水体及流域情况

终点	作物	位点	水体	模型	田块大小/hm²	农药处理过的农田占总农田面积的百分比/%	水体大小
地表水	水稻	浙江杭州	河流	RICEWQ-EXAMS	1 500	60	20 m×5 km×2 m

注：场景中的农田、田块指标准水体（池塘、河流）附近种植水稻并且受纳水体为标准水体的田块

表 7-7　地表水场景点标准地表水体的特性

特性	河流
面积/m²	20 m×5 km（100 000 m²）
深/m	2
田块或流域面积/hm²	1 500

续表

特性	河流
农药处理过的农田占总农田面积的百分比/%	60
比值（处理过的农田面积/水体面积）	90：10

表 7-8 地表水场景点标准地表水体的参数

参数	河流
pH	7.0～7.5
底泥的容重	—
底泥有机质含量	36.80 g/kg
悬沙浓度	—
平均流速	—

表 7-9 地表水场景点标准地表水体的月平均温度

月份	温度/℃
1	5.3
2	4.1
3	9.9
4	18.6
5	22.0
6	24.6
7	27.5
8	26.2
9	25.0
10	23.1
11	17.6
12	5.0

场景构建结果。研究最终在东苕溪流域构建了一个典型的地表水场景，场景的基本特性见表 7-10。

表 7-10 地表水场景的基本特性

场景特性	取值
位点	浙江杭州
累年平均温度/℃	17.2
累年平均降雨量/mm	1 482.7
土壤质地	黏壤土
土壤有机质含量/%	1.56

续表

场景特性	取值
作物	水稻
田块大小/hm²	1 500
水体大小	20 m×5 km×2 m
农药处理过的农田占总农田面积的百分比/%	60

2）外壳程序的开发

高层次评价模型因考虑的因素较多,模拟的过程较为复杂,因此需要很多的输入参数,如多年的气象数据、作物参数、土壤参数、水体参数等等。在运行模型时要逐个输入这些参数是一件相当费时费力的事情,外壳程序就是为方便模型的输入而设计的,设计者首先将模型所需的气象数据、作物参数、土壤参数、水体参数等（场景参数）编辑成固定格式的文件,然后将这些文件和模型一起固化在外壳中,外壳以图形界面的形式展现,运行时用户只需在界面上输入农药相关的信息,选择所需要模拟的场景,外壳会自动创建输入文件、调用并运行模型,最后以图表形式输出模拟结果。

目前国外已有的模拟外壳包括:PE5.0、EXPRESS、SWASH 等。我国农药风险评价工作起步较晚,迄今为止,尚缺乏可用的高层次暴露评价模型、场景以及相应的外壳程序。而 PRAESS（pesticide risk assessment exposure simulation shell,PRAESS）是我国首个发布的模拟外壳。

初步的验证结果表明,PRAESS 使用方便、运行流畅,其中包含的稻田-地表水模型（RICEWQ-EXAMS）及场景预测结果与实测数据吻合度较高。

3）东苕溪流域农药使用对水生生物及人体健康风险预测

应用 PRAESS 对东苕溪流域常用农药品种在流域水体中的浓度进行预测,然后分别运用相应评价方法对这些农药品种使用对水生生物的风险及人体健康风险进行评价,为该流域农药污染控制提供科学的决策依据。

东苕溪流域常用农药品种见表 7-11。

表 7-11　东苕溪流域常用农药品种

农药类型	农药中文名称	农药英文名称	防治对象
杀虫剂	噻嗪酮	buprofezin	稻飞虱
	吡蚜酮	pymetrozine	稻飞虱
	吡虫啉	imidacloprid	稻飞虱
	速灭威	metolcarb	稻飞虱
	氟铃脲	hexaflumuron	稻纵卷叶螟
	丙溴磷	profenofos	稻纵卷叶螟
	毒死蜱	chlorpyrifos	稻纵卷叶螟
	阿维菌素	avermectin	稻纵卷叶螟
	硫丹	endosulfan	稻纵卷叶螟

续表

农药类型	农药中文名称	农药英文名称	防治对象
杀菌剂	三环唑	tricyclazole	稻瘟病
	井冈霉素	validamycin	水稻纹枯病
	丙环唑	propiconazol	水稻纹枯病
	苯醚甲环唑	difenoconazole	水稻纹枯病
除草剂	氟乐灵	trifluralin	稗草

东苕溪流域常用农药对水生生物的风险评价。暴露评价采用模型预测的方法，模型需要的参数除场景参数外，还包含农药基本理化特性、行为特性、使用特性等。其中农药使用特性由实地调查获得，基本理化特性、行为特性数据从农药电子手册（The E-pesticide Manual）、美国 EPA 农药行为数据库（http://cfpub.epa.gov/pfate/home.cfm）及 FOOTPRINT 农药特性数据库（http://sitem.herts.ac.uk/aeru/footprint/）查得。效应评价数据从农药电子手册（The E-pesticide Manual）、美国 EPA 农药生态毒性数据库（http://cfpub.epa.gov/ecotox/advanced_query.htm）、FOOTPRINT 农药特性数据库（http://sitem.herts.ac.uk/aeru/footprint/）以及本书试验数据库查得。

采用熵值法进行风险表征。将模型预测得到的 96 h 浓度值除以农药对鱼的 96h LC_{50} 值，得到农药对鱼的急性 RQ 值，用 21 d 浓度值除以农药对鱼的 21d NOAEC 值，得到农药对鱼的慢性 RQ 值；用模型预测得到的峰值浓度除以农药对溞的 48h EC_{50} 值，得到农药对溞的急性 RQ 值，用 21 d 浓度值除以农药对溞的慢性 NOAEC 值，得到农药对溞的慢性 RQ 值。将计算得到的 RQ 值与风险关注标准进行比较，得出风险表征结果。风险关注标准、模型预测结果及风险表征结果分别见表 7-12～表 7-14。

表 7-12　动物关注标准与对应的风险等级

	风险熵	关注标准	风险等级
急性	EEC/LC_{50} 或 EC_{50}	RQ>0.5	高风险
	EEC/LC_{50} 或 EC_{50}	0.1<RQ≤0.5	中风险
	EEC/LC_{50} 或 EC_{50}	RQ≤0.1	低风险
慢性	EEC/NOAEC	RQ>1	存在慢性风险
	EEC/NOAEC	RQ≤1.0	低风险

在所评价的 14 种农药中，预测峰值浓度大于 10 µg/L 的有速灭威、噻嗪酮、丙溴磷、吡蚜酮、氟铃脲、三环唑、毒死蜱 7 种；预测峰值浓度介于 1～10 µg/L 之间的有氟乐灵、硫丹、丙环唑、吡虫啉、苯醚甲环唑 5 种；井冈霉素和阿维菌素的预测峰值浓度较低，均小于 1 µg/L。结果与实际检测结果之间吻合度较高，但模型预测浓度均高于实际检出浓度，这与模型的保守性有很大的关系。

表 7-13　14 种农药的模型预测结果

农药名称	预测浓度/(μg/L)			
	峰值	96 h	21 d	年均
速灭威	173	27.5	5.47	0.388
噻嗪酮	159.0	31.4	6.26	0.446
丙溴磷	88.2	13.3	2.96	0.178
吡蚜酮	45.0	8.28	1.74	0.101
氟铃脲	23.0	4.20	0.971	0.057
三环唑	15.4	2.37	0.825	0.094
毒死蜱	13.2	1.75	0.422	0.024
氟乐灵	9.77	1.79	0.342	0.02
硫丹	6.80	1.93	0.406	0.024
丙环唑	5.93	0.869	0.267	0.016
吡虫啉	4.40	0.58	0.111	0.006
苯醚甲环唑	2.23	0.311	0.087	0.005
井冈霉素	0.392	0.050	0.015	0.001
阿维菌素	0.337	0.043	0.009	0.000 6

表 7-14　14 种农药对水生生物风险表征结果

农药名称	鱼		溞	
	急性风险等级	慢性风险等级	急性风险等级	慢性风险等级
三环唑	低	低	低	低
井冈霉素	低	低	低	低
丙环唑	低	低	低	低
苯醚甲环唑	低	低	低	低
氟乐灵	低	低	低	低
噻嗪酮	低	低	低	低
吡蚜酮	低	低	低	低
吡虫啉	低	低	低	低
速灭威	低	低	/	/
阿维菌素	低	低	高	低
丙溴磷	中等	低	中等	低
毒死蜱	高	有	高	低
硫丹	高	有	中等	低
氟铃脲	低	低	高	有

从表 7-14 可以看出，所评价的 14 种东苕溪流域常用农药品种，对鱼和溞的慢性风险

均较低；但毒死蜱和硫丹对鱼具有急性高风险，阿维菌素、毒死蜱、氟铃脲对溞具有急性高风险。

东苕溪流域常用农药对人体健康风险评价。本书分别采用传统评价法和现行风险评价模型计算法对各农药品种的健康风险进行评价。传统评价法即将模型预测得到的年均浓度值与标准限值进行比较，确定风险的有无。表 7-12 所列为各农药品种预测年均浓度值、标准限值及风险评价结果。在国际癌症研究所（IARC）编制的化学物质致癌性分类表中，只能查到 14 个品种中的氟乐灵，且其属于 3 类物质，不属于致癌物，因此利用躯体毒物对健康危害的风险模型进行风险计算。表 7-15 所列为各农药品种预测年均浓度值、参考剂量及评价结果。

表 7-15　14 种农药的预测年均浓度值、饮用水标准限值及评价结果

农药中文名称	预测年均浓度/(μg/L)	ADI/(mg/(kg·d))	推算出的饮用水标准限值（ADI×10/1，mg/L）	评价结果
三环唑	0.094	0.03	0.3	无
井冈霉素	0.001	—	—	—
丙环唑	0.016	0.04	0.4	无
苯醚甲环唑	0.005	0.01	0.1	无
氟乐灵	0.020	0.015	0.15	无
噻嗪酮	0.446	0.01	0.1	无
吡蚜酮	0.101	0.03	0.3	无
吡虫啉	0.006	0.06	0.6	无
速灭威	0.388	—	—	—
阿维菌素	0.000 6	0.002	0.02	无
丙溴磷	0.178	0.03	0.3	无
毒死蜱	0.024	0.01	0.1	无
硫丹	0.024	0.006	0.06	无
氟铃脲	0.101	0.02	0.2	无

14 个农药品种中，井冈霉素和速灭威未查到相关 ADI 值，未能推算出饮用水标准，故未进行评价，其余 12 个品种对人体健康均无风险。

从表 7-16 可以看出，14 个农药品种中，由饮水途径所致健康危害的个人年风险以吡虫啉为最大，为 4.490×10^{-10} a^{-1}；其次为噻嗪酮，个人年风险为 2.002×10^{-11} a^{-1}，其余品种个人年风险处于 $6.0 \times 10^{-13} \sim 1.0 \times 10^{-12}$ a^{-1}，但与国际最大可接受风险水平相比（国际放射防护委员会和英国皇家学会推荐的最大可接受风险水平分别为 5.0×10^{-5} a^{-1} 和 1.0×10^{-6} a^{-1}），所有品种均未超标，因此，运用风险评价模型计算法得出，在所评价的 14 个农药品种中，除井冈霉素和速灭威未查到相关值之外，其余 12 个品种对人体健康均无风险。

表 7-16　14 种农药品种饮水途径参考剂量及个人年风险

农药中文名称	预测年均浓度/(μg/L)	f_{ig}/[mg/(kg·d)]	个人年风险/a^{-1}
三环唑	0.094	0.03	$1.407×10^{-12}$
井冈霉素	0.001	—	—
丙环唑	0.016	0.04	$1.796×10^{-13}$
苯醚甲环唑	0.005	0.01	$2.245×10^{-13}$
氟乐灵	0.020	0.015	$5.986×10^{-13}$
噻嗪酮	0.446	0.01	$2.002×10^{-11}$
吡蚜酮	0.101	0.03	$1.512×10^{-12}$
吡虫啉	0.006	0.06	$4.490×10^{-10}$
速灭威	0.388	—	—
阿维菌素	0.000 6	0.002	$1.347×10^{-13}$
丙溴磷	0.178	0.03	$2.664×10^{-12}$
毒死蜱	0.024	0.01	$1.078×10^{-12}$
硫丹	0.024	0.006	$1.796×10^{-12}$
氟铃脲	0.101	0.02	$2.267×10^{-12}$

7.2　本 章 小 结

（1）对农药生态风险评价及健康风险评价的程序、方法、技术进行了阐述，在此基础上，构建了我国东苕溪流域稻田—地表水场景，并对目前在国外广泛应用的稻田暴露评价模型进行了二次开发，开发出了适用于我国的农药风险评价暴露模拟外壳程序。

（2）对东苕溪流域常用的农药品种进行了预测，最后以模型预测为基础，分别运用相应评价方法对这些品种的水生生物风险及健康风险进行评价。14 种东苕溪流域常用农药品种，对鱼和溞的慢性风险均较低；但毒死蜱和硫丹对鱼具有急性高风险，阿维菌素、毒死蜱、氟铃脲对溞具有急性高风险。

（3）运用传统评价法和风险评价模型计算法对健康风险进行评价，得出了一致的结论，14 个农药品种中，除井冈霉素和速灭威未查到相关参数值之外，其余 12 个品种对人体健康均无风险。在东苕溪流域应重点关注毒死蜱、硫丹、阿维菌素、氟铃脲等品种对水生生物的急性风险。

本章主要参考文献

程燕，周军英，单正军. 2005. 美国农药水生生态风险评价研究进展[J]. 农药学学报，7（4）：293-298.

程燕，周军英，单正军. 2005. 国内外农药生态风险评价研究综述[J]. 农村生态环境，21（3）：62-66.

韩丽，曾添文. 2001. 生态风险评价的方法与管理简介[J]. 重庆环境科学，23（3）：21-23.

毛小岑，倪晋仁. 2005. 生态风险评价研究述评[J]. 北京大学学报：自然科学版，41（4）：646-654.

OECD. 2006. OECD Dossier Guidance[R]. Paris：OECD.

OECD. [2009-03-16]. Chemicals Hazard/Risk Assessment[EB/OL]. http://www.oecd.org/topic/0, 3 373, en_2 649_34 373_1_

1_1_1_37 465，00.

The Center for Ethics and Toxics. 2002. Smith River Flood Plain Pesticide Aquatic Ecological Exposure Assessment[R]. [s. . l]：The Smith RiverProject.

USEPA. [2009-03-16]. Registering Pesticides[EB/OL].（2008-11-26）http：//www.epa.gov/pesticides/regulating/registe-ring/ index.htm.

USEPA. [2009-03-16]. Terms of Environment：Glossary，Abbreviations andAcronyms[EB/OL].（2008-06-18）http：//www. epa.gov/OCEPATERMS.

USEPA. 1998. Guidelines for Ecological Risk Assessment[Z]. Washington，D. C.：USEPA.

USEPA. [2009-03-16]. Technical Overview of Ecological Risk Assessment[EB/OL].（2008-03-12）http：//www.epa.gov/oppefed1/ ecorisk_ders/toera_risk.htm.

第8章 总 结

东苕溪是太湖流域内的主要饮用水水源地之一，流域内共有饮用水水源地 22 个，总取水能力超过 80 万 m³/d，苕溪水质直接影响到流域内居民的饮用水安全。东苕溪流域的农业产业结构以种植业、畜禽、水产养殖业为主。2006 年，苕溪流域单位面积农药施用量达到 3.52 kg/hm²，是浙江省平均水平的 1.4 倍以上。"十一五"期间，开展东苕溪流域主要农药污染状况、来源、环境归趋特性及其水生态效应、水稻种植农药使用消减技术研究工作，取得以下成果。

1. 建立地表水环境农药多残留检测技术

根据农药污染物的类型、存在形态、污染水平和介质差异，建立了水体中 36 种农药多残留固相萃取-气相色谱技术/高效液相色谱（质谱）分析方法，加标回收率 70.5%～111%，相对标准偏差 0.5%～8.1%；建立了沉积物样品中 29 种农药多残留加速溶剂萃取-气相色谱法分析方法，加标回收率范围为 62.2%～114.1%，相对标准偏差为 1.1%～6.8%，检出限为 0.02～0.50 μg/L。分析方法回收率、检测限符合环境样品多种痕量微量化学品检测要求。

2. 掌握东苕溪流域农药面源污染特征

2008～2010 年，开展东苕溪全流域采样调查 6 次，共约采集水样 264 个、底泥样品107 个、土壤样品 100 个，收集相关资料 300 余份。东苕溪水样中 DDT、β-HCH 等有机氯农药残留浓度最高为 0.09 μg/L，东苕溪流域上游农业种植区的水体、沉积物中农药总农药残留浓度可达 5.0 μg/L、200 μg/kg，入湖口已低于 1.0 μg/L、5.2 μg/kg。地表水中农业有毒化学品品种、浓度特征表明农药地理分布与使用强度间关系密切，同时受气候、农药本身的理化性质及当地的水文系统特征等因素的综合影响。

3. 阐明东苕溪流域主要农药污染物的生物毒性和生态风险

开展有机氯农药硫丹、有机磷农药毒死蜱、菊酯类农药高效氯氟氰菊酯、生物农药阿维菌素对水生生物的急性毒性、环境激素效应研究，通过田间模拟生态系统及大田试验，阐明典型农药水稻使用后对水生生物，如鱼、虾、蟹、贝、枝角类、桡足类、原生动物和轮虫等危害影响。结果显示硫丹、毒死蜱对东苕溪流域水生生态系统具有一定危害，建议在水稻种植过程不应继续使用硫丹、毒死蜱农药；高效氯氟氰菊酯使用对虾具有危害影响，使用时应注意对虾的影响；阿维菌素使用对水生生态系统影响较小，可按照推荐使用方法科学使用。

4. 建立水稻种植农药污染消减与控制综合集成技术

以"源头控制—过程消减—末端处置"为指导原则，建立水稻种植农药污染消减与控制综合集成技术包括：水稻种植农药替代消减技术、农药实时精准使用技术、农田排水农药生态拦截技术、农田排水农药生态处理利用技术，农药统防统治管理技术模式，农药废弃瓶袋回收管理模式。水稻种植农药对水环境污染的全程控制集成关键技术应用示范期间，示范区水稻用农药使用总量消减 30.8% 以上，水稻田用农药向开放水体排放总量减少 35%。每亩水稻田可减少农药有效使用含量 121～179 g，推广至地区 200 万亩水稻田，可减少农药等有毒农药化学品使用 7000 t。